模拟电子技术实验与课程设计

主　编　陈宗梅
副主编　张海燕　余战波

北京理工大学出版社
BEIJING INSTITUTE OF TECHNOLOGY PRESS

内容简介

本书是为高职学校电子类、电气类、通信类和其他相近专业而编著的模拟电子技术实验和课程设计教材。本书分为4章，第1章模拟电子技术基础知识，主要介绍常用元器件的识别和正确使用，常用仪器仪表的原理及使用；第2章模拟电子技术的基本测量方法，介绍了模拟电子技术测量方法的分类和测量方法的选择，电压、电流、电阻和幅频特性的测量方法，以及在测量过程中存在的误差及其处理；第3章模拟电子技术实验，详细介绍了12个实验，主要是按照XSX-3A模拟电路实验箱而介绍的，同时也可以按照元器件在实验台或实验板上搭接而完成；第4章模拟电子技术课程设计，讲解了7个课题，详细分析了课程设计的设计思路和设计方法，同时给出了参考电路。本书既是理工科学生的基本技能和制作工艺的入门引导，又是启迪学生科技创新思维的开端。

本书可作为高职生模拟电子技术的单科实验指导教材和电子线路的综合实验的教材，同时也为他们参加各类电子制作、毕业设计提供了极其有用的参考资料，也可以作为有关工程技术人员的参考书。

版权专有　侵权必究

图书在版编目(CIP)数据

模拟电子技术实验与课程设计/陈宗梅主编. —北京:北京理工大学出版社,(2022.6重印)

ISBN 978-7-5640-5371-0

Ⅰ.①模… Ⅱ.①陈… Ⅲ.①模拟电路-电子技术-高等职业教育-教学参考资料 Ⅳ.①TN710

中国版本图书馆 CIP 数据核字(2011)第259100号

出版发行	/ 北京理工大学出版社
社　　址	/ 北京市海淀区中关村南大街5号
邮　　编	/ 100081
电　　话	/ (010)68914775(总编室) 68944990(批销中心) 68911084(读者服务部)
网　　址	/ http://www.bitpress.com.cn
经　　销	/ 全国各地新华书店
印　　刷	/ 北京虎彩文化传播有限公司
开　　本	/ 710毫米×1000毫米 1/16
印　　张	/ 9.75
字　　数	/ 181千字
版　　次	/ 2022年6月第1版第6次印刷
定　　价	/ 29.00元

责任编辑　胡　静
王玲玲
责任校对　陈玉梅
责任印制　王美丽

图书出现印装质量问题,本社负责调换

前　言

《模拟电子技术实验与课程设计》这本教材根据高职学校电子类、电气类、通信类和其他相近专业的本课程教学大纲的要求，结合教学实际而编写的模拟电子技术基础实验与课程设计教材。在编写的过程中，注重经典基础实验，精选课程设计项目，旨在加强学生对实验及课程设计基本技能的综合训练，加强了学生对模拟电子技术这门相对来说比较难入门的专业基础课程的理论学习，同时也培养和提高了学生的实际动手能力与工程设计能力。在现有此类教材中，模拟电子技术实验课程设计内容多数庞杂笼统，缺乏针对性，不便于教师教学及学生自学。我们编写此书作为学生模拟电子技术实验与课程设计的参考教材，目的是使学生在实验、课程设计中有书可依，有据可查，减少模拟电子技术课内实验与课程设计实践中的盲目性。本书既是学生学习基本技能和制作工艺的入门引导，又是启迪学生科技创新思维的开端。

本书可作为高职生模拟电子技术的单科实验指导教材和电子线路的综合实验的教材，同时也为他们参加各类电子制作、毕业设计提供了极其有用的参考资料，也可以作为有关工程技术人员的参考书。

本书的编写特点：

（1）实用性强。书中不但有元器件的识别及选用，常用仪器仪表的使用，还在附录中列出了常用半导体器件的型号及参数，常用中小规模集成电路的参数，焊接技术及技能。

（2）书中编写了经典的基础实验简单、实用的课程设计项目，将枯燥、抽象的理论知识的学习在实践环节中变得具有趣味性、现实性。

（3）方便教师教学及学生自学。书中详细讲述了基础实验，课程设计中电子电路的具体设计步骤、电路的组装及调试。使得本书体系结构新颖，注重实践能力的培养，能启发思考，易于自学，理论与实践紧密相联系。

本书由重庆电子工程职业学院陈宗梅担任主编，并负责全书的统稿工作，重庆电子工程职业学院张海燕和重庆三峡职业学院余战波担任副主编。具体章节分配为：第一章由张海燕编写，第二章由余战波编写，第三章和附录由陈宗梅编写，第四章由陈宗梅和张海燕共同编写。

编者在本书的编写过程中，除了依据多年来的教学实践经验外，还借鉴了国内部分高等院校的最新的有关教材。

由于编者水平有限，书中难免会有欠妥和疏漏之处恳请广大读者和同行给予批评指正。

编　者

目 录

第1章 模拟电子技术基础知识 ··· 1
1.1 常用元器件的识别与使用 ··· 1
    1.1.1 电阻元件 ··· 1
    1.1.2 电容元件 ··· 3
    1.1.3 电感元件 ··· 7
    1.1.4 半导体二极管、三极管 ··· 9
    1.1.5 半导体集成电路应用常识 ··· 13
1.2 常用电子仪器的使用 ·· 16
    1.2.1 万用表 ·· 16
    1.2.2 双踪示波器 ·· 19
    1.2.3 信号发生器 ·· 25
    1.2.4 数字交流毫伏表 ··· 31

第2章 模拟电子技术的基本测量方法 ··· 34
2.1 概述 ··· 34
    2.1.1 测量方法的分类 ··· 34
    2.1.2 测量方法的选择 ··· 35
2.2 电压、电流测量 ··· 36
    2.2.1 电压的测量 ·· 36
    2.2.2 电流的测量 ·· 39
2.3 阻抗的测量 ·· 40
    2.3.1 输入电阻的测量 ··· 40
    2.3.2 输出电阻 R_o 的测量 ··· 41
2.4 增益及幅频特性的测量 ··· 42
2.5 测量误差分析与处理 ·· 43

第3章 模拟电子技术实验 ··· 45
3.1 实验的目的、意义和要求 ·· 45
3.2 实验项目 ··· 46
    3.2.1 晶体管共射单级放大器 ··· 46
    3.2.2 射极输出器(共集电极电路) ······································· 52
    3.2.3 两级放大电路 ·· 55
    3.2.4 负反馈放大电路 ··· 58

  3.2.5 差动放大电路 …………………………………………………… 61
  3.2.6 集成运算放大器的线性应用 …………………………………… 64
  3.2.7 集成运算放大器的非线性应用——电压比较器 ……………… 70
  3.2.8 互补对称 OTL 功率放大电路 ………………………………… 73
  3.2.9 集成的功率放大电路 …………………………………………… 76
  3.2.10 RC 正弦波振荡器 ……………………………………………… 79
  3.2.11 整流滤波稳压电路 ……………………………………………… 81
  3.2.12 集成稳压电路 …………………………………………………… 85

第 4 章 模拟电子技术课程设计 …………………………………………… 88
 4.1 课程设计的目的、意义和要求 ………………………………………… 88
 4.2 课程设计的步骤 ………………………………………………………… 89
 4.3 课程设计项目 …………………………………………………………… 93
  4.3.1 单级低频放大电路设计 ………………………………………… 93
  4.3.2 集成直流稳压电源设计 ………………………………………… 99
  4.3.3 集成功率放大器设计 …………………………………………… 104
  4.3.4 OTL 功率放大器设计 …………………………………………… 110
  4.3.5 楼道路灯开关电路设计 ………………………………………… 118
  4.3.6 函数信号发生器设计 …………………………………………… 122
  4.3.7 音响放大器设计 ………………………………………………… 125

附录 …………………………………………………………………………………… 136

参考文献 ……………………………………………………………………………… 149

第1章　模拟电子技术基础知识

1.1　常用元器件的识别与使用

电阻元件、电容元件、电感元件、半导体器件(二极管、三极管)、集成电路等都是电子电路常用的元器件。学习和掌握常用元器件的识别与使用方法,对于学习电子技术、掌握实践技能,提高电子设备的装配质量及可靠性将起到很重要的作用。

1.1.1　电阻元件

电阻元件是组成电路的基本元件之一,其质量的好坏对电路工作的稳定性有极大的影响。电阻元件在电路中起限流、分流、降压、分压、负载、与电容元件配合组成滤波器等作用,其广泛应用于各种电子产品和电子设备中。电阻器的单位有:欧姆(Ω)、千欧($k\Omega$)、兆欧($M\Omega$)等。一般电阻元件用 R 来表示,其电路符号如图 1 – 1 所示。

电阻元件除了一般电阻外,用得比较多的是可变电阻,可变电阻的特点是可以连续改变电阻阻值,它在电路中用来调节各种电压、电流或信号大小。可变电阻常用 R_P 来表示,其电路符号如图 1 – 2 所示。

图 1 – 1　电阻电路符号　　　　图 1 – 2　可变电阻电路符号

一、电阻元件的主要参数

1. 标称值及允许误差

电阻器表面所标的电阻值就是标称值。电阻器的标称值往往和实际阻值不相同,有一定的误差,电阻器的实际值与标称值之差的百分率称为电阻器的允许误差。一般电阻器的允许误差分为 3 个等级:Ⅰ 为 ±5%,Ⅱ 为 ±10%,Ⅲ 为 ±20%。精密电阻器的允许误差为 ±2%、±1%、±0.5% 等。

2. 额定功率

额定功率是电阻元件所承受的最高电压和最大电流的乘积,也就是电阻正常工作时允许的最大功率。每个电阻都有其额定功率,超过这个值,电阻元件将过热而烧坏。为保证安全使用,一般选其额定功率比在电路中消耗的功率高 1~2 倍。常见电阻的额定功率有 1/16 W、1/8 W、1/4 W、1/2 W、1 W、2 W、3 W、4 W、5 W、10 W 等,其中 1/8 W 和 1/4 W 较为常见。

3. 温度系数

电阻的温度系数指的是温度每变化 1℃,电阻阻值的变化量与原来的阻值之比。一般情况下,电流流过电阻时,电阻就会发热使温度升高,其阻值也会随之发生变化,这样会影响电路工作的稳定性,因此希望这种变化尽可能小,通常用温度系数表示其优劣。当温度升高、阻值增大时,温度系数为正;当温度升高、阻值减少时,温度系数为负。温度系数越小,表明阻值越稳定,电阻元件的性能也就越好。

二、电阻元件的标志与识别

1. 直标法

直标法是用具体数字和文字符号直接把电阻标称值表明在电阻体上,允许误差用百分数(%)表示。例如在一个电阻器上印有"3.6 kΩ5%"字样,这种方法主要用于体积比较大的电阻元件上。

2. 色标法

色标法是用不同的颜色表示电阻数值和允许误差,在电阻元件上 4 或 5 道色环,色环颜色的意义如图 1-3 和图 1-4 所示。其中对于 4 环电阻,第 1、2 环表示两位有效数字,第 3 环则表示前面两位有效数字再乘以 10 的 n 次幂,第 4 道色环表示阻值的允许误差。例如 4 环电阻的颜色排列为红、黑、黄、金,则这只电阻的阻值为 $20 \times 10^4 = 200$ kΩ,允许偏差为 ±5%。对于 5 环电阻,第 1、2、3 环表示 3 位有效数字,第 4 环表示前面 3 位有效数字再乘以 10 的 n 次幂,第 5 道色环表示阻值的允许误差。例如 5 环电阻的颜色排列为黄、橙、红、红、棕,则表示这只电阻的阻值为 432×10^2 Ω = 43.2 kΩ,允许误差为 ±1%。国际统一的色标符号规定如表 1-1 所示。

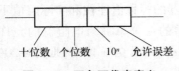

图 1-3 四色环代表意义

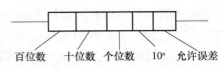

图 1-4 五色环代表意义

表1-1　色标符号规定

色别	黑	棕	红	橙	黄	绿	蓝	紫	灰	白
数值	0	1	2	3	4	5	6	7	8	9
倍乘数	10^0	10^1	10^2	10^3	10^4	10^5	10^6	10^7	10^8	10^9
误差					金色 ±5%		银色 ±10%		无色 ±20%	

三、电阻元件的检测

固定电阻器的质量好坏比较容易鉴别,对新买的电阻器先进行外观检查,看外观是否端正,标志是否清晰,保护漆层是否完好。然后用万用表测量电阻值,看测量阻值与标称值是否一致,相差值是否在允许误差的范围内;对于可变电阻,可将万用表的一只表笔与可变电阻的滑动臂相接,用另一只表笔与某一固定臂相接,来回旋转可变电阻的滑动臂,万用表的指针能随之平稳地来回移动,则为好变阻器。如指针不动或移动不平稳,则该可变电阻滑动臂接触不良,不能使用。

四、电阻元件的选用及使用常识

① 根据电子设备的技术指标和电路的具体要求选用电阻的型号和误差等级。

② 为提高设备的可靠性,延长使用寿命,应选用额定功率大于实际消耗功率 1.5~2 倍的电阻。

③ 电阻装接前应进行测量、核对,尤其是在精密电子仪器设备装配时,还需经人工老化处理,以提高稳定性。

④ 在装配电子仪器时,若所用非色环电阻,应将电阻标称值标志朝上,且标志顺序一致,以便于观察。

⑤ 焊接电阻时,电烙铁停留时间不宜过长。

⑥ 选用电阻时应根据电路中信号频率的高低来选择。一个电阻可等效为一个 R、L、C 二端线性网络,如图 1-5 所示。不同类型的电阻,R、L、C 三个参数的大小有很大差异。线绕电阻本身是电感线圈,所以不能用于高频电路中。薄膜电阻,若阻体上刻有螺旋槽的,工作频率在 10 MHz 左右,未刻螺旋槽的(如 RY 型)工作频率则更高。

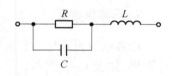

图 1-5　电阻元件的等效电路

⑦ 电路中如需用串联或并联电阻来获得所需阻值时,应考虑其额定功率。阻值相同的电阻串联或并联,额定功率等于各个电阻额定功率之和;阻值不相同的电阻串联时,额定功率取决于高阻值电阻。并联时取决于低阻值电阻,且需计算方可应用。

1.1.2　电容元件

电容元件也是组成电路的基本电子元件之一,在各种电子产品和电子设备中被广泛应用。电容元件是一种储存电能的元件,当两个电极之间加上电压时,电极上能储存电荷。电容元件具有隔直流通交流的特性,因此常用于滤波电路、振荡电路、调谐电路、旁路电路和耦合电路中。

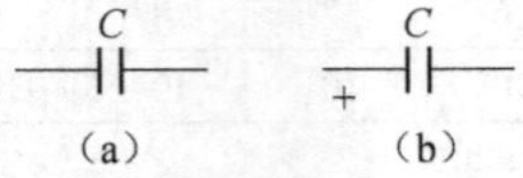

表征电容元件储存电荷能力的量是电容的容量,电容量用字母 C 表示,电容量的基本单位是法拉(F),常用单位有微法(μF)和皮法(pF)。电容元件的电路符号如图 1-6 所示。

图 1-6 电容元件的电路符号
(a) 电容元件—般符号;(b) 电解电容符号

一、电容元件的主要参数

1. 电容元件的额定工作电压

电容元件的额定工作电压是指电容元件在规定的工作温度范围内,长期可靠的工作所能承受的最高直流电压,又称耐压值,其值通常为击穿电压的一半。常用固定式电容的直流工作电压系列为:6.3 V、10 V、16 V、25 V、40 V、63 V、100 V、160 V、250 V、400 V。

2. 电容元件的允许误差等级

电容元件的允许误差等级是实际电容量与标称电容量的最大允许偏差范围。常见的有 7 个等级,如表 1-2 所示。

表 1-2 电容元件常见的误差等级

级 别	0	I	II	III	IV	V	VI
允许误差/%	±2	±5	±10	±20	+20 -10	+50 -20	+50 -30

3. 标称电容量

标称电容量是标志在电容元件的外壳表面上的"名义"电容量,其数值也有标称系列,如表 1-3 所示。

表 1-3 固定式电容元件标称容量和允许误差

系列代号	E24	E12	E6
允许误差	±5%(I)	±10%(II)	±20%(III)
标称容量对应值	10、11、12、13、15、16、18、20、22、24、27、30、33、36、39、43、47、51、56、62、68、75、82、90	10、12、15、18、22、27、33、39、47、56、68、82	10、15、22、23、47、68
注:标称容量为表中数值或表中数值再乘以 10^n,其中 n 为正整数或负整数,单位为 pF。			

4. 电容元件的绝缘电阻

电容元件的绝缘电阻表示电容元件的漏电性能,在数值上等于加在电容元件两端的电压与通过电容元件漏电流的比值。绝缘电阻越大,漏电流越小,电容元件的质量越好。电容元件的绝缘电阻的大小和变化会影响电子设备的工作性能,对于一般的电子设备,选绝缘电阻越大越好。

二、电容元件的标注方法

电容元件的容量、允许误差和工作电压都标注在电容元件的外壳上,其标注方法有直接法、文字符号法、数码法和色码法。

1. 直接法

直接法是将电容元件的标称容量、允许误差和耐压等参数直接标注在电容元件的外壳表面上,常用于电解电容参数的标注。

2. 文字符号法

文字符号法是将电容量的整数部分写在容量单位符号的前面,容量的小数部分写在容量单位符号的后面。其中,容量单位符号有以下 5 种。

皮法(10^{-12}F),用 pF 表示;

纳法(10^{-9}F),用 nF 表示;

微法(10^{-6}F),用 μF 表示;

毫法(10^{-3}F),用 mF 表示;

法拉(10^{0}F),用 F 表示。

例如:3n9 表示 3.9 nF,2μ2 表示 2.2 μF。有时用大于 1 的两位以上的数字表示单位为 pF 的电容,例如 100 表示 100 pF;用小于 1 的数字表示单位为 μF 的电容,例如 0.01 表示 0.01 F,如图 1-7 所示。

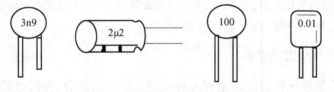

图 1-7 电容元件的文字符号表示法

3. 数码法

数码法一般用 3 位数字来表示容量的大小,单位为 pF。3 位数字中,前两位表示标称值的有效数字,第 3 位表示倍率,即乘以 10^i,i 为第 3 位数字,若第 3 位数字是 9,则乘以 10^{-1}。例如 103 代表 10×10^3 pF = 10 000 pF = 0.1 μF;229 代表 22×10^{-1} pF,如图 1-8 所示,这种表示方法

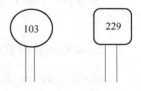

图 1-8 电容元件的数码表示法

最为常见。

4. 色码表示法

这种表示方法与电阻器的色环表示法类似。标志的颜色符号与电阻器采用的相同,其单位为 pF。

三、电容元件的检测

1. 外观检测

观察电容元件外表应完好无损,表面无裂口、污垢和腐蚀,标志应清晰,引出电极无折伤;对可调电容元件应转动灵活,动定片间无碰撞、摩擦现象,各元件转动应同步等。

2. 测试绝缘电阻

用万用表欧姆挡,将表笔接触电容的两引线。刚搭上时,表头指针将发生摆动,然后再逐渐返回趋向某一电阻处,这就是电容的充放电现象(对 0.1 F 以下的电容观察不到此现象)。电容元件的容量越大指针的摆动就越大,指针稳定后所指示的电阻值就是电容的绝缘电阻值,一般为几百至几千兆欧,阻值越大,电容元件的绝缘性能越好。检测时,如果表头指针指到或靠近欧姆零点,说明该电容内部短路,若指针不动,始终指向电阻为无穷大处,则说明电容内部开路或失效。5 000 pF 以上的电容可用万用表电阻最高挡判别,5 000 pF 以下的小容量电容应另采用专门测量仪器判别。

四、电容元件的选用

电容元件的种类繁多,性能各异,合理选用电容元件对于产品设计十分重要。在具体选用电容元件时,应注意以下问题。

1. 电容元件类型的选择

根据电路要求选择合适的电容元件类型。一般的耦合、旁路电路,可选用瓷介电容元件;在高频电路中,应选用云母和瓷介电容;在电源滤波和去耦电路中,应选用电解电容。在设计电子电路中选用电容时,应根据产品手册在电容标称值系列中选用。

2. 电容元件额定电压的选择

选用电容元件应符合标准系列,电容元件的额定电压应高于电容元件两端实际电压的 1~2 倍。对于电解电容,一般应使线路的实际电压相当于所选电容额定电压的 50%~70%,这样才能充分发挥电解电容的作用。

3. 电容元件的容量和误差等级的选择

电容元件的误差等级有多种,在低频耦合、去耦、电源滤波等电路中,电容元件可以选±5%、±10%、±20%等误差等级,但在振荡回路、延时电路、音调控制电路中,电容元件的精度要高一些;在各种滤波器和各种网络中,要求选用高精度的电容元件。

1.1.3 电感元件

电感元件是一种常用的电子元件。当电流流过导线时,导线的周围就会产生一定的电磁场,并使处于这个电磁场中的导线产生感应电动势——自感电动势,人们将这个作用称为电磁感应。为了加强电磁感应,把绝缘的导线绕成一定圈数的线圈,这个线圈被称为电感线圈或电感器,简称电感。电感是依靠线圈本身的"自感应"作用而工作的,通常用漆包线或纱包线绕制。不带磁芯的称为空心电感线圈,带磁芯的称为磁芯或铁芯线圈。电感元件的主要作用是对交流信号进行隔离、滤波,或在电路中经常和电容元件、电阻元件一起工作,构成谐振电路。

电感元件的文字符号用 L 表示,电感元件的电路符号如图1-9、图1-10所示,其中图1-9为空心电感线圈,图1-10为磁芯或铁芯电感线圈。

图1-9 空心电感线圈　　　　　图1-10 磁芯或铁芯电感线圈

一、电感元件的主要参数

1. 电感量

电感元件工作能力的大小用"电感量"来表示,其基本单位是亨利,简称亨,用字母 H 表示。在实际应用中,一般常用毫亨(mH)或微亨(μH)为单位。电感元件的电感量取决于电感线圈导线的粗细、绕制的形状与大小、线圈的匝数以及中间导磁材料的种类、大小及安装的位置等因素。

2. 品质因数 Q

品质因数 Q 是指线圈在某一频率下工作时,所表现的感抗与线圈的总损耗电阻的比值,其中损耗电阻包括直流电阻、高频电阻、介质损耗电阻。Q 值越高,表示导线绕制的电感中导线电阻值越小、效率高,使电感越接近于理想电感,当然质量也就越好。电感的品质因数 Q 一般为几十至几百,不同电路对 Q 值的要求也不同。调谐电路所用的电感线圈的 Q 值一般要选高一些,这样可提高谐振电路谐振频率的稳定性,其他电路可选用 Q 值低一些的电感线圈。

3. 分布电容

线圈的匝与匝之间,线圈与铁芯之间都存在电容,这种电容均称为分布电容。频率越高,分布电容影响就越严重,Q 值就会迅速下降。可以通过改变电感线圈绕制的方法来减少分布电容,例如使用蜂房式绕制或间断绕制。

二、电感元件的标识方法

1. 直标法

直标法是将电感元件的标称电感量直接用数字或字母印制在电感外壁上。

2. 色标法

色标法即在电感元件表面涂上不同的色环来表示电感量(与电阻元件类似),通常用四色环表示,其单位为 H。

3. 数码表示法

数码表示法即用 3 位数字来表示电感元件的电感量的标称值,用一个英文字母表示其允许误差,该方法常见于贴片电感上。

三、电感元件的检测

1. 外观检查

检查电感线圈外观是否有破裂现象,线圈是否有松动、变位的现象,引脚是否有折断或生锈现象,查看电感线圈的外表上是否有电感量的标称值,还可以进一步检查磁芯旋转是否灵活,有无滑扣等。

2. 用万用表检查

将万用表置于 R×1 欧姆挡,用两表笔分别碰触电感线圈的引脚,当被测电感线圈的电阻值比正常值小很多时,说明电感线圈内部有局部短路,不能使用;当被测电感线圈阻值无穷大时,说明电感线圈或线圈接点处发生了断路,此电感线圈也不能使用。

此外,对于具有屏蔽罩的电感线圈,还要检测一、二次绕组与屏蔽罩之间的电阻值。将万用表置于 R×1 K 挡,用一支表笔接触屏蔽罩,另一支表笔分别接触一、二次绕组的引脚。若测得的阻值为无穷大时,则说明正常;如果阻值为 0 时,则有短路现象;若阻值小于无穷大但大于 0 时,说明有漏电现象。

四、电感元件的选用

用于音频段的电感一般要用铁芯或低氧体铁芯的,在几百千赫到几兆赫间的电感最好用铁氧体芯,并以多股绝缘线绕制。几兆赫到几十兆赫间的电感宜选用单股镀银粗铜线绕制,磁芯要采用短波高频铁氧体,也常用空心线圈。在一百兆赫以上时一般不能选用铁氧体芯,只能用空心线圈。如果作微调,可用铜芯。

选用高频阻流线圈时除注意额定电流、电感量外,还应选分布电容小的蜂房式或多层分段绕组的电感线圈。对于在电源电路的低频阻流圈,尽量选用大电感量的,一般选大于回路电感量10倍以上为最好。

1.1.4 半导体二极管、三极管

半导体二极管、三极管分立元件是组成分立元件电子电路的核心器件,它包括半导体二极管、三极管和场效应管。

一、半导体二极管

半导体二极管具有单向导电性,可用来进行整流、检波、钳位、限幅、开关及各种保护电路等。

1. 二极管的分类

晶体二极管的种类很多,按材料分为硅二极管和锗二极管,按功能和用途不同可分为一般二极管和特殊二极管两大类。一般二极管包括整流二极管、开关二极管、检波二极管等。特殊二极管主要由稳压二极管、发光二极管、光电二极管及变容二极管等。

几种常用二极管对应的电路符号如图1-11所示。

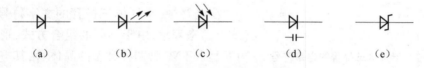

图1-11 二极管的电路符号
(a) 整流二极管;(b) 发光二极管;(c) 光电二极管;(d) 变容二极管;(e) 稳压二极管

2. 二极管的识别

小功率二极管的负极通常在管体表面上用一个色环标出;有些二极管也采用"P""N"符号来确定二极管极性,"P"表示正极,"N"表示负极;金属封装二极管通常在表面印有与极性一致的二极管电路符号。

发光二极管则通常用长短管脚来区别正负极,长的管脚为正极,短的管脚为负极。也可以根据发光二极管内部电极的形状辨认它的正负极,一般内心中面积较小的管脚为正极。

整流桥堆的表面通常标注内部电路结构或交流输入端及直流输出端的名称,交流输入端通常用"AC"或者"~"表示;直流输出端通常用"+"及"-"符号表示。

3. 半导体二极管的选用

(1) 类型选择

可以按照用途选择二极管的类型。例如,用作检波可以选用点接触型锗二极管;用作整流可以选用面接触型普通二极管或整流二极管;用作光电转换可以用光敏二极管;在开关电路中应使用开关二极管;用作稳压应选用稳压二极管等。

(2) 参数选择

选用整流二极管时,主要应考虑其最大整流电流 I_F、最大反向工作电压 U_{RM} 这两个参数;选用检波二极管时,主要考虑其最高工作频率 f_M、最大反向饱和电流 I_{RM} 等参数;选用稳压二极管时,主要考虑稳定电压 U_Z 和最大工作电流 I_{ZM} 这两个参数。

(3) 材料选择

选择硅管还是锗管,可以根据以下原则决定:要求正向压降小的选锗管;要求反向电流小的选择硅管;要求反向电压高、耐高压的选择硅管等。

二、半导体三极管

半导体三极管又称晶体三极管,通常简称三极管,或称双极性晶体管,它是一种电流控制电流型的半导体器件,其最基本的作用就是对微弱信号进行放大,此外还可以作为触点开关。它具有结构牢固、寿命长、体积小、耗电少等一系列优点。半导体三极管是电子电路中的核心器件之一,广泛应用于各种电子电路中。

在电路中,半导体三极管的文字符号用 T(或 VT)来表示,由于不同的组合方式,形成了 NPN 型和 PNP 型两种类型的晶体管,其电路符号如图 1-12 所示。

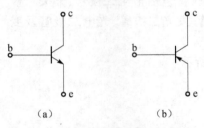

图 1-12 半导体三极管的电路符号
(a) NPN 型;(b) PNP 型

1. 三极管的分类

三极管按所用半导体材料可分为硅三极管(硅管)、锗三极管(锗管)。目前使用较多的是硅管,其稳定性较好;而锗管的反向电流较大,易受温度的影响。三极管按截止频率可分为超高频管、高频管和低频管。三极管按耗散功率可分为大功率管、中功率管和小功率管。三极管按用途可分为放大管、开关管等。

常见三极管的外形如图 1-13 所示。

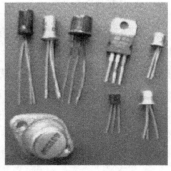

图 1-13 常见三极管的外形

2. 三极管的主要参数

表征三极管性能的参数很多,可大致分为 3 类,即直流参数、交流参数和极限参数。

(1) 直流参数

① 共发射极直流电流放大倍数 $\bar{\beta}$:指没有交流信号输入时,集电极电流 I_C 与基极电流 I_B 之比,即 $\bar{\beta} = I_C/I_B$。

② 集电极—发射极反向饱和电流 I_{CEO}:指基极开路时,集电极与发射极之间加上规定的反向电压时的集电极电流,又称穿透电流。它是衡量三极管热稳定性的一个重要参数,其值越小,则三极管的热稳定性越好。

③ 集电极—基极反向饱和电流 I_{CBO}:指发射极开路时,集电极与基极之间加上规定反向电压时的集电极电流。良好的三极管的 I_{CBO} 应很小。

(2) 交流参数

① 共发射极交流电流放大倍数:指在共发射极电路中,集电极电流变化量与基极电流变化量之比,即 $\beta = i_c/i_b$。

② 共发射极截止频率:指电流放大系数因频率增高而下降至低频放大系数的 0.707 倍时的频率,即增益值下降了 3 dB 时的频率。

(3) 极限参数

① 集电极最大允许电流:指三极管参数变化不超过规定值时,集电极允许通过的最大电流。当三极管的实际工作电流大于集电极最大允许电流时,管子的性能将显著变差。

② 集电极—发射极反向击穿电压:指基极开路时,集电极与发射极间的反向击穿电压。

③ 集电极最大允许功率损耗:指集电结允许功耗的最大值,其大小决定于集电结的最高结温。

3. 三极管的管脚识别

(1) 目测法

① 管型的判别:一般管型是 NPN 或 PNP,应从管壳上标注的型号来判别。依照标准表示三极管型号的第二位(字母),A、B 表示 PNP 管,B、D 表示 NPN 管。此外有国际流行的 9011 ~ 9018 系列高频小功率管,除 9012 和 9015 为 PNP 管,其余均为 NPN 管。

② 管极的判别:绝大多数小功率晶体管的管脚均按 e、b、c 的标准顺序排列,如图 1 – 14 所示。但也有某些晶体管型号后有后缀"R",其管脚排列顺序是 e、c、b。

图 1 – 14　晶体管管脚排列

(2) 用万用表电阻挡判别

4. 三极管的选用

在选用三极管时,通常应综合考虑它的主要参数,这些参数又有相互制约的关系,在选管时应抓住主要矛盾,兼顾次要参数。

低频管的特征频率一般在 2.5MHz 以下,而高频管的特征频率都从几十兆赫至几百兆赫甚至更高,选管时应使为管子的工作频率的 3~5 倍。原则上讲,高频管可以代替低频管,但高频管的功率一般都比较小,动态范围比较窄,在代换时应注意功率条件。

选用三极管时一般希望 β 大,但并不是越大越好,需根据电路要求选择 β 值。β 太高容易引起自激振荡,且 β 高的管子工作大多不稳定,受温度影响大。通常选 β 为 40~100。从整个电路来说,还应从各级的配合来选择管子 β 的。例如,前级选用较高 β 的,后级就可选用较低 β 的。反之,前级管子的 β 值较低,后级管子的 β 值就要求较高。对称电路一般要求管子的 β 和 I_{CEO} 都尽可能相等,否则会引起较大的失真。

$U_{(BR)CEO}$,I_{CM} 和 P_{CM} 是三极管的极限参数,电路的估算值不得超过这些极限参数。

三、场效应晶体管

场效应晶体管通常简称为场效应管,是一种利用场效应原理工作的半导体器件。普通晶体管是电流控制型器件,而场效应管是电压控制型器件,其输出电流决定于输入信号电压的大小。

场效应管的输入阻抗高,在线路上便于直接耦合;结构简单,便于设计,容易实现大规模集成;由于是多子导电的单极型器件,不存在少子存储效应,开关速度快,截止频率高,噪声系数低,因而广泛应用于开关、阻抗匹配、微波放大、大规模集成领域,作为交流放大器、有源滤波器、直流放大器、电压控制器、斩波器、定时电路等。

1. 场效应管的分类

场效应管可分为两大类:一类为结型场效应管,简写为 J-FET;另一类为绝缘栅型场效应管,简称为 MOS 场效应管。结型场效应管是利用导电沟道之间耗尽区的宽窄来控制电流的;绝缘栅型场效应管是利用感应电荷的多少来控制导电沟道的宽窄从而控制电流的大小。

场效应管根据其沟道所采用半导体材料的不同,可分为 N 沟道型和 P 沟道型两种。按导电方式的不同,MOS 管又可分为增强型和耗尽型两种。

2. 场效应管的检测方法

结型场效应管的源极和漏极一般可对换使用,因此一般只要判别出其栅极 G 即可。判别时,根据 PN 结单向导电性,将万用表置 R×1K 挡,黑表笔接触假定的栅极 G 的管脚,红表笔先后接触另外两个管脚。若阻值比较小,再将红、黑两表笔互换再测量一次;如阻值均大,说明都是反向电阻,属 N 沟道管,且黑表笔接触的管脚为栅极 G,原先的假定是正确的。若两次测出的阻值均很小,说明是正向电阻,属于 P 沟道管,与黑表笔接触的是栅极 G。若不出现上述情况,可以调换红、黑表笔按上述方法重新进行测量,直至判断出栅极 G 为止。根据判断栅极的方法,能粗略判断管子的好坏。当栅源间和漏源间反向电阻都很小时,说明管子已损坏。如果要判断管子的放大性能,可将万用表的红、黑表笔分别接触管子的漏极和源极,然后用手接触栅极,表针若偏转较大,说明管子的放大性能好,若表针不动,说明管子性能差或已损坏。

注意,不能用万用表检测 MOS 管的电极,MOS 管的测试需用到专门的测试仪。

3. 场效应管的选用

(1) 场效应管类型的选择

场效应管有多种类型,应根据应用电路的需要选择合适的管型。例如,彩色电视机的高频调谐器、半导体收音机的变频器等高频电路,应使用绝缘栅型场效应管;音频放大器的差分输入电路及调制、放大、阻抗变换、稳流、限流、自动保护等电路,可选用结型场效应管;音频功率放大、开关电源、逆变器、电源转换器、镇流器、充电器、电动机驱动等电路,可选用功率 MOS 管。

(2) 场效应管参数的选择

在选择场效应管时,所选场效应管的主要参数应符合应用电路的具体要求。小功率场效应管应注意输入阻抗、低频跨导、夹断电压(或开启电压)、击穿电压等参数。大功率场效应管应注意击穿电压、耗散功率、漏极电流等参数。

4. 场效应管的使用注意事项

① 由于 MOS 管输入阻抗很高,容易受感应电压过高而击穿,储存时应将 3 个电极短路;焊接时,应先将 3 个电极短路,并先焊漏极、源极,后焊栅极,烙铁应接好地线或断开电源后再焊接;不能用万用表测 MOS 管的电极,MOS 管的测试要用测试仪。

② 场效应管的源极和漏极是对称的,一般可以对换使用,但如果衬底已和源极相连,则不能互换使用。

1.1.5 半导体集成电路应用常识

集成电路(Integrated Circuit,IC)就是利用半导体工艺、厚膜工艺、薄膜工艺,将一些电阻元件、电容元件、二极管、三极管、场效应管等按照设计要求连接起来,制作在同一片硅片上,再封装在一个便于安装、焊接的外壳内,构成一个完整的具有一定功能的电子电路。

集成电路打破电路传统的观念,实现了材料、元件、电路的三位一体。与分立元件组成的电路相比,集成电路有体积小、质量轻、功能多、功耗小、成本低、适合于大批量生产等特点,同时缩短和减少了连线和焊接点,从而提高了产品的可靠性和一致性。近年来,集成电路的生产和制造技术取得了飞速的发展,集成电路也得到了极其广泛的应用。集成电路的实物如图 1-15 所示。

图 1-15 集成电路实物图

1. 集成电路的分类

集成电路有多种不同的分类方法,常见的有以下几种。

(1) 按照制造工艺分类

按照制造工艺分类,集成电路可分为膜集成电路、混合集成电路和半导体集成电路(即 IC)。

(2) 按电路功能及用途分类

按电路功能及用途分类,集成电路可分为数字集成电路和模拟集成电路。

(3) 按集成度分类

集成度是指一个硅片上含有的元器件或门电路的数目。按集成度分类,集成电路可分为小、中、大、超大规模集成电路。

2. 集成电路的封装与引脚排列的识别

集成电路的封装,按其封装材料分为金属、陶瓷、塑料 3 类,按其封装外形可分为扁平封装、圆形封装、双列直插式和单列直插式封装等。圆形封装采用金属圆筒形外壳,多为早期产品,应用于大功率集成电路;扁平封装体积较小、稳定性好,有金属、陶瓷及塑料 3 种外壳;双列直插多为塑料外壳,最为通用,有利于大规模生产进行焊接。下面介绍几种目前应用较普遍的集成电路封装形式及引脚排列的识别方法。

(1) 单列、双列直插式封装

单列直插式集成电路一般在端面左侧有一定的标记,这些标记有的是缺角,有的是凹坑色点,有的是空心圆,有的是半圆缺口或短垂线。识别引脚时,将引脚向下,置定位标记于左方,然后从左向右读出引脚序号,如图 1-16 所示。对没有任何标记的集成电路,应将有型号的一面正对自己,再按上述方法读出引脚序号。

对于双列直插式电路,识别引脚时,将引脚向下凹槽置于正面左方位置,靠近凹槽左下方第一个脚为1脚,然后按逆时针方向读第2,3……各脚,如图1-17所示。

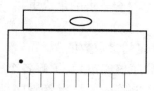 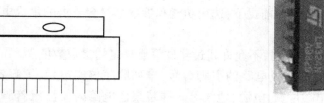

图1-16　单列直插式IC外形及引脚排列　　　图1-17　双列直插式IC外形及引脚排列

（2）双列扁平式封装

双列扁平式IC一般在端面左侧有一个类似引脚的小金属片,或者在封装表面上有一个小圆点（或小圆圈、色点）作为定位标记。识别引脚时,将引脚向下,定位标记置于正面左方位置,靠近定位标记左方第一个脚为1脚,然后按逆时针方向读第2、3……各脚,如图1-18所示。

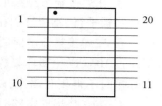

图1-18　双列扁平式IC外形及引脚排列

3. 集成电路的一般检测

集成电路的一般检测可采用非在线（集成电路没有接在电路中）与在线（集成电路接在印制电路板中）检测两种方法。

（1）非在线检测各引脚对地电阻

将万用表置于电阻挡,一表笔接触集成电路的接地脚,然后用另一表笔测量各引脚对地正、反向电阻,将读数与正常的同型号集成电路比较,如果相差不多则可判定被测集成电路是好的。集成电路正常电阻可通过资料或测量正品集成电路得到。

（2）在线电压检测

在印制板通电的情况下,先检测集成电路各引脚的电压。大部分说明书或资料中都标出了各引脚的电压值。当测出某一引脚电压与说明书或资料中所提供的差距较大,应先检测与此引脚相关的外围各元器件有无问题,若这些外围元器件正常,再用测集成电路引脚对地电阻的办法进一步判断。

（3）在线电阻测量

利用万用表测量集成电路各引脚对地的正、反向（直流）电阻,并与正常数据进行对照。

4. 集成电路的选择和使用

集成电路的系列相当多,各种功能的集成电路应有尽有。在选择和使用集成电路时需注意以下几点。

① 在选用集成电路时,应根据实际情况,查阅集成电路手册,在全面了解所需集成电路的性能和特点的前提下,选用功能和参数都符合要求的集成电路,充分发挥其效能。

② 在使用集成电路时,不允许超过器件手册规定的参数数值。

③ 结合电路图对集成电路的引脚编号、排列顺序核实清楚,了解各个引脚功能、确认输入/输出端位置、电源、地线等。插装集成电路时要注意管脚序号方向,不能插错。

④ 在焊接扁平型集成电路时,由于其外引出线成型,所以要注意引脚要与印制电路板平行,不得穿引扭焊,不得从根部弯折。

⑤ 在焊接集成电路时,不得使用功率大于 45 W 的电烙铁,每次焊接的时间不得超过 10 s,以免损坏集成电路或影响集成电路性能。集成电路各引脚间距较小,在焊接时不得相互锡连,以免造成短路。

⑥ 在安装集成电路时,要选择有利于散热通风,便于维修更换器件的位置。

1.2 常用电子仪器的使用

1.2.1 万用表

万用表能够测量直流电压、交流电压、直流电流和电阻值,还能检测二极管的极性,三极管的类型及引脚以及电子元器件的好坏,有的还可以测量电容和其他参数。下面主要以 MF500 型万用表为例介绍万用表的使用方法。

MF500 型万用表是一种高灵敏度、多量限的携带整流系仪表。该仪表共具有 29 个测量量限,能分别测量交直流电压、交直流电源、电阻,适宜于无线电、电信及电工事业单位作一般测量之用。MF500 型万用表的外观如图 1-19 所示。

一、MF500 型指针式万用表的面板结构

1. 表头

万用表的表头是灵敏电流计。表头上

图 1-19 MF500 型万用表的外观

的表盘印有多种符号,刻度线和数值。符号 A-V-Ω 表示这只电表是可以测量电流、电压和电阻的多用表。表盘上印有多条刻度线,其中右端标有"Ω"的是电阻刻度线,其右端为零,左端为∞,刻度值分布是不均匀的。符号"－"或"DC"表示直流,"～"或"AC"表示交流,"－～"表示交流和直流共用的刻度线。刻度线下的几行数字是与选择开关的不同挡位相对应的刻度值。表头上还设有机械零位调整旋钮,位于表盘下部中间的位置,用以校正指针在左端指零位。

MF500 型多用表有 4 条刻度线。从上往下数,第一条刻度线是测量电阻时读取电阻值的欧姆刻度线。第二条刻度线是用于交流和直流的电流、电压读数的共用刻度线。第三条刻度线是测量 10 V 以下交流电压的专用刻度线。第四刻度线是测量音频电平的专用刻度线,－10 ～ ＋22 dB。

2. 转换开关

转换开关的作用是选择测量的项目及量程。

万用表的选择开关是一个多挡位的旋转开关。用来选择测量项目和量程。一般的万用表测量项目包括:"mA",直流电流;"V",直流电压;"V̰",交流电压;"Ω":电阻。每个测量项目又划分为几个不同的量程以供选择。

① 直流电流有 50 μA、1 mA、10 mA、100 mA、500 mA 五个常用挡位。
② 直流电压有 2.5 V、10 V、250 V、500 V、2500 V 五个量程挡位。
③ 交流电压有 10 V、50 V、250 V、500 V 四个量程挡位。
④ 电阻有 ×1、×10、×100、×1 k、×10 k 五个倍率挡位。

3. 表笔和表笔插孔

表笔分为红、黑二只。使用时应将红色表笔插入标有"＋"号的插孔,黑色表笔插入标有"－"号的插孔。

二、万用表的使用方法

1. 万用表使用前

① 万用表水平放置。
② 应检查表针是否停在表盘左端的零位。如有偏离,可用小螺丝刀轻轻转动表头上的机械零位调整旋钮,使表针指零。
③ 将表笔按上面要求插入表笔插孔。
④ 将选择开关旋到相应的项目和量程上,就可以使用了。

2. 万用表使用后

① 拔出表笔。

② 将左边选择开关旋至"·"挡,若无此挡,右边选择开关旋至交流电压最大量程挡,500 V 挡。

③ 若长期不用,应将表内电池取出,以防电池电解液渗漏而腐蚀内部电路。

3. 万用表的具体测量方法

(1) 万用表测量直流电压

以测量 1.5 V 的直流电压为例:

① 选择量程。万用表直流电压挡标有"V"和"-V",有 2.5 V、10 V、50 V、250 V 和 500 V 五个量程。根据电路中电压大小选择量程。由于电源电压只有 1.5 V,所以选用 2.5 V 或 10 V 挡。若不清楚电压大小,应先用最高电压挡测量,逐渐换用低电压挡。

② 测量方法。万用表应与被测电路并联。红笔应与被测电路和电源正极相接,黑笔应与被测电路和电源负极相接。

③ 正确读数。仔细观察表盘,直流电压挡刻度线是第二条刻度线,用 10 V 挡时,可用刻度线下第三行数字直接读出被测电压值。注意读数时,视线应正对指针。

读数方法:若量程挡为 1 V,则意指满量程为 1 V,刻度线上共 10 格,即每格为 0.1 V;若量程挡为 2.5 V,则意指满量程为 2.5 V,即每格为 0.25 V;依次类推。例如指针所指的位置为第 4 个刻度线,若量程为 1 V,则被测电压为 0.4 V。

注意:若万用表反接,则会造成指针反偏,损坏表针。

(2) 万用表测量交流电压

以测量电源插座电压为例:测量交流电压的方法和测量直流电压的方法相似,所不同的是交流电没有正、负之分,所以测量交流电压时,表笔也无需分正、负。读数方法也和直流电压一样,只是数字应看标有交流符号 AC 的刻度线上的指针位置。

① 选择量程。将万用表打到标有"V"和"~V"的交流电压挡。因被测电压为 220 V,所以选择 500 V 挡。若不清楚电压大小,应先用最高电压挡测量,逐渐换用低电压挡。

② 测量方法。万用表两表笔接到所要测量的电压两端即可。

③ 正确读数。读法和直流电压一样。

(3) 万用表测量直流电流

① 选择量程:万用表直流电流挡标有"mA",有 1 mA、10 mA、50 mA、100 mA 四挡量程。选择量程,应根据电路中的电流大小,这里可选 10 mA 或 50 mA。如不知电流大小,应选用最大量程,再逐渐减小。

② 测量方法:万用表应与被测电路串联。应将电路相应部分断开后,将万用表表笔接在断点的两端。红表笔应接在和电源正极相连的断点,黑表笔接在和电

源负极相连的断点。

③ 正确读数：直流电流挡刻度线仍为第二条，读法与上面相同。测量时同样要注意极性。

4. 万用表测量电阻

用万用表测量电阻时，应按下列方法操作。

① 机械调零。在使用之前，应该先调节指针定位螺丝使电流示数为零，避免不必要的误差。

② 选择合适的倍率挡。万用表欧姆挡的刻度线是不均匀的，所以倍率挡的选择应使指针停留在刻度线较稀的部分为宜，且指针越接近刻度尺的中间，读数越准确。一般情况下，应使指针指在刻度尺的 $1/3 \sim 2/3$ 处。

③ 欧姆调零。测量电阻之前，应将2个表笔短接，同时调节"欧姆（电气）调零旋钮"，使指针刚好指在欧姆刻度线右边的零位。如果指针不能调到零位，说明电池电压不足或仪表内部有问题。并且每换一次倍率挡，都要再次进行欧姆调零，以保证测量准确。

④ 读数：表头的读数乘以倍率，就是所测电阻的电阻值。注意：和电压、电流读数的差异。

5. 万用表使用注意事项

① 在使用万用表之前，应先进行"机械调零"，即在没有被测电量时，使万用表指针指在零电压或零电流的位置上。

② 在使用万用表过程中，不能用手去接触表笔的金属部分，这样一方面可以保证测量的准确，另一方面也可以保证人身安全。

③ 在测量某一电量时，不能在测量的同时换挡，尤其是在测量高电压或大电流时，更应注意，否则会使万用表毁坏。如需换挡应先断开表笔，换挡后再去测量。

④ 万用表在使用时必须水平放置，以免造成误差。同时，还要注意到避免外界磁场对万用表的影响。

⑤ 万用表使用完毕，应将转换开关置于交流电压的最大挡。如果长期不使用还应将万用表内部的电池取出来，以免电池腐蚀表内其他器件。

1.2.2 双踪示波器

示波器是能直观显示被测电路中电压或电流波形的一种电子测量仪器，可以测量周期性信号波形的周期（或频率）、脉冲波的脉冲宽度和前后沿时间，同一信号任意两点间的时间间隔、同频率两正弦信号的相位差、调幅波的调幅系数等各种电参量。借助传感器还能通过示波器观察非电量随时间变化的过程。下面以YB4320G型双踪示波器为例来介绍示波器的使用。

一、主要特点

① 灵敏感高,最高偏转系数 1 mV/div。
② Y 衰减及扫描开关取消了传统的机械开关,采用数字编码开关。
③ 可对主扫描 A 全量程任意时间段(ΔT)通过延迟扫描 B 进行扩展设定。
④ 延迟扫描 B:对被观察信号进行水平放大。

二、技术指标

① X 频带宽度:DC ~ 20 MHz(-3 dB)。
② Y 轴偏转系数:1 mV/div ~ 5 V/div,1 -2 -5 进制分 12 档,误差 ±5% (1 ~ 2 mV ±8%)。
③ 上升时间:5 mV/div ~ 5 V/div 约 17.5 ns、1 ~ 2 mV/div 约 35 ns。
④ 最高安全输入电压:400 V(DC + AC_{P-P})≤1 kHz。
⑤ 水平显示方式:A、A 加亮,B、B 触发。
⑥ 扫描线性误差:×1:±8%,扩展×10:±15%。
⑦ 触发源:CH1、CH2、电源、外接。
⑧ 触发方式:自动、常态、TV - V、TV - H。
⑨ 电平锁定或交替触发:50 Hz ~ 20 MHz、2 div、外 0.25 V。
⑩ TTL 电平(负电平加亮)。
⑪ 电源:AC 220 V ±10%
⑫ 工作方式:CH1、CH2、双综、叠加。
⑬ 输入阻抗:(直接)1 MΩ ±2%,25 pF;(探头)10 MΩ ±5%,17 pF。

三、面板功能与说明

YB4230G 型示波器的面板分布图如图 1 -20 所示,下面一一介绍其面板功能。

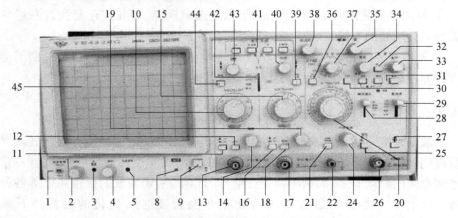

图 1 -20　YB4230G 型示波器的面板分布图

1. 主机电源

9——电源开关(POWER):将电源开关按键弹出即为"关"位置,将电源接入,按电源开关,以接通电源。

8——电源指示灯:电源接通时指示灯亮。

2——辉度旋钮(INTENSITY):顺时针方向旋转旋钮,亮度增强。接通电源之前将该旋钮逆时针方向旋转到底。

4——聚焦旋钮(FOCUS):用亮度控制钮将亮度调节至合适的标准,然后调节聚焦旋钮直至轨迹达到最清晰的程度,虽然调节亮度时聚焦可自动调节,但聚焦有时也会轻微变化。如果出现这种情况,需重新调节聚焦。

5——光迹旋转旋钮(TRACE ROTATION):由于磁场的作用,当光迹在水平方向轻微倾斜时,该旋钮用于调节光迹与水平刻度线平行。

45——显示屏:仪器的测量显示终端。

1——校准信号输出端子(CAL):提供 1 kHz ±2%,$2V_{P-P}$ ±2% 方波作本机 Y 轴、X 轴校准用。

2. 垂直方向部分

13——通道1输入端[CH1 INPUT(X)]:该输入端用于垂直方向的输入。在 X-Y 方式时输入端的信号成为 X 轴信号。

17——通道2输入端[CH2 INPUT(Y)]:和通道1一样,但在 X-Y 方式时输入端的信号仍为 Y 轴信号。

11、12、16、18——交流—直流—接地耦合选择开关(AC—DC—GND):输入信号与放大器连接方式选择开关。

交流(AC):垂直输入端由电容器来耦合。

接地(GND):放大器的输入端接地。

直流(DC):垂直放大器的输入端与信号直接耦合。

10、15——衰减器开关(VOLTS/DIV):用于选择垂直偏转灵敏度的调节。如果使用的是 10:1 的探头,计算时将幅度 ×10。

14、19——垂直微调旋钮(VARIBLE):垂直微调用于连续改变电压偏转灵敏度,此旋钮在正常情况下应位于顺时针方向旋转到底的位置。将旋钮逆时针方向旋转到底,垂直方向的灵敏度下降到 2.5 倍以下。

43、40——垂直移位(POSITION):调节光迹在屏幕中的垂直位置。

42——垂直方式工作开关:选择垂直方向的工作方式。

44——断续工作方式开关:CH1、CH2 两个通道按断续方式工作,断续频率 250kHz,适用于低频扫描。

通道1选择(CH1):屏幕上仅显示 CH1 的信号。

通道 2 选择(CH2):屏幕上仅显示 CH2 的信号。

双踪选择(DUAL):同时按下 CH1 和 CH2 按钮,屏幕上会出现双踪并自动以断续或交替方式同时显示 CH1 和 CH2 上的信号。

叠加(ADD):显示 CH1 和 CH2 输入电压的代数和。

39——CH2 极性开关(INVERT):按此开关时 CH2 显示反相电压值。

3. 水平方向部分

20——主扫描时间因数选择开关(A TIME/DIV):共 20 挡,在 0.1 μs/div ~ 0.5 s/div 范围选择扫描速率。

30——X-Y 控制键:如 X-Y 工作方式时,垂直偏转信号接入 CH2 输入端,水平偏转信号接入 CH1 输入端。

21——扫描非校准状态开关键:按下此键,扫描时即进入非校准调节状态,此时调节扫描微调有效。

24——扫描微调控制键(VARIBLE):此旋钮以顺时针方向旋转到底时处于校准位置,扫描由 TIME/DIV 开关指示。该旋钮逆时针方向旋转到底,扫描减慢 2.5 倍以上。正常工作时,(21)键弹出,该旋钮无效,即为校准状态。

35——水平位移(POSITION):用于调节轨迹在水平方向移动。顺时针方向旋转该旋钮向右移动光迹,逆时针方向旋转向左移动光迹。

36——扩展控制键(MAG×5):按下去时,扫描因数×5 扩展,扫描时间是 TIME/DIV 开关指示数值的 1/5。

37——延时扫描 B 时间系数选择开关(B TIME/DIV):共 12 挡,在 0.1 μs/div ~ 0.5 ms/div 范围选择 B 扫描速率。

41——水平工作方式选择(HORIZ DISPLAY):

38——延时时间调节旋钮(DELAY TIME):调节延时扫描,调节该旋钮,可使延迟扫描在主扫描全程任何时段启动延迟扫描。

主扫描(A):按入此键主扫描单独工作,用于一般波形观察。

A 加亮(A INT):选择 A 扫描的某区段扩展为延时扫描,可用此扫描方式。与 A 扫描相对应的 B 扫描区段(被延时扫描)以高亮度显示。

被延时扫描(B):单独显示被延时扫描 B。

B 触发(B TRIG):选择连续延时扫描和触发延时扫描。

4. 触发系统(TRIGGER)

29——触发源选择开关(SOURCE):选择触发信号源。

通道 1 触发(CH1,X-Y):CH1 通道信号是触发信号,当工作方式在 X-Y 时,波动开关应设置于此挡。

通道 2 触发(CH2):CH2 上的输入信号是触发信号。

电源触发(LINE):电源频率成为触发信号。

外触发(EXT):触发输入上的触发信号是外部信号,用于特殊信号的触发。

27——交替触发(ALT TRIG):在双踪交替显示时,触发信号交替来自于两个 Y 通道,此方式可用于同时观察两路不相关信号。

26——外触发输入插座(EXT INPUT):用于外部触发信号的输入。

33——触发电平旋钮(TRIG LEVEL):用于调节被测信号在某选定电平触发同步。

32——电平锁定(LOCK):无论信号如何变化,触发电平自动保持在最佳位置,不需人工调节电平。

34——释抑(HOLD OFF):当信号波形复杂,用电平旋钮不能稳定触发时,可用此旋钮使波形稳定同步。

25——触发极性按钮(SLOPE):触发极性选择,用于选择信号的上升沿和下降沿触发。

31——触发方式选择(TRIG MODE):

自动(AUTO):在自动扫描方式时扫描电路自动进行扫描。在没有信号输入或输入信号没有被触发同步时,屏幕上仍然可以显示扫描基线。

常态(NORM):有触发信号才能扫描,否则屏幕上无扫描显示。当输入信号的频率低于 50Hz 时,请用常态触发方式。

复位键(RESET):当"自动"与"常态"同时弹出时为单次触发工作状态,当触发信号来到时,准备(READY)指示灯亮,单次扫描结束后熄灭,按下复位键(RESET)后,电路又处于待触发状态。

28——触发耦合(COUPLING):根据被测信号的特点,用此开关选择触发信号的耦合方式。

交流(AC):这是交流耦合方式,触发信号通过交流耦合电路,排除了输入信号中的直流成分的影响,可得到稳定的触发。

高频抑制(HF REJ):触发信号通过交流耦合电路和低通滤波器作用到触发电路,触发信号中的高频成分被抑制,只有低频信号部分能作用到触发电路。

电视(TV):TV 触发,以便于观察 TV 视频信号,触发信号经交流耦合通过触发电路,将电视信号送到同步分离电路,拾取同步信号作为触发扫描用,这样视频信号能稳定显示。TV – H 用于观察电视信号中行信号波形,TV – V:用于观察电视信号中场信号波形。注意:仅在触发信号为负同步信号时,TV – V 和 TV – H 同步。

直流(DC):触发信号被直接耦合到触发电路,当触发需要触发信号的直流部分或需要显示低频信号以及信号空占比很小时,使用此种方式。

四、测量方法

1. 峰—峰电压的测量

将输入信号输入至 CH1 输入通道或 CH2 输入通道,将垂直方式置于被选用的通道;调节垂直灵敏度(灵敏度大小用 D_y 表示)并观察信号波形,使被显示的波形在垂直方向 5 div 左右,将微调顺时针旋到校正位置;调整扫描速度,使之至少显示一个周期的波形。调整垂直移位,使波形底部对齐某一水平坐标线,再调整水平移位,最好使波形顶部在屏幕中央的 Y 轴上,如图 1-21 所示。

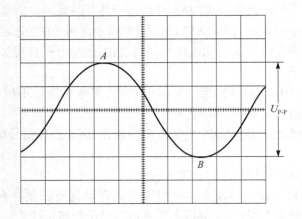

图 1-21 峰—峰电压的测量

读出 A、B 两点在垂直方向的格数 y,按下面公式计算被测信号的峰—峰电压值。

$$U_{P-P} = yD_y$$

例如图 1-21 中,示波器垂直灵敏度置 D_y 为 50 mV/div,A、B 两点间垂直格数为 4 div,则该正弦波的 $U_{P-P} = 4 \times 50$ mV = 200 mV = 0.2 V。注意:如果信号输入时使用了 10:1 探头,则计算结果需要再乘以 10。

2. 周期(频率)的测量

将信号从 CH1 或 CH2 通道输入,将扫描速度微调旋钮顺时针旋到"校正"位置,调节垂直灵敏度使波形幅度合适,调整触发电平使波形稳定显示。再调节扫描速度(扫描速度用 S_B 表示),使屏幕上显示 1~2 个周期的信号波形,分别调整垂直移位和水平移位旋钮,使一个周期波形对应的 A、B 两点位于 X 轴上,利用 X 轴上标尺测量出两点之间的水平格数 X_T,按下列公式计算出波形的周期和频率。

$$T = X_T \times S_B, \quad f = 1/T$$

例如图 1-22 所示的正弦波,A、B 两点的水平距离为 $X_T = 8$ div,测量时扫描速度如果是 10 μs/div,则该正弦波的周期为 $T = 8 \times 10$ μs = 80 μs,则频率为 $f = 1/(80$ μs$) = 12.5$ kHz。测量时,如果使用了 ×10 水平扩展,则周期要除以 10。

3. 相位差的测量

相位差的测量与周期的测量都属于时间类测量,方法有类似之处。

将两个同频率的正弦波信号分别从 CH1、CH2 通道输入,调整每个通道的垂直灵敏度和微调旋钮,使两个波形的显示幅度形同,如图 1-23 所示,用垂直移位旋

第 1 章 模拟电子技术基础知识　25

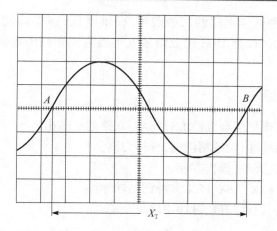

图 1-22　周期和频率的测量

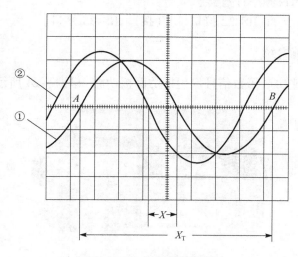

图 1-23　相位差的测量

钮移动两个波形到水平标尺中间处；根据两波形在水平方向差距 X，及信号周期 X_T，利用下列公式可求得两波形相位差 θ。

$$\theta = \frac{X(\text{div})}{X_T(\text{div})} \times 360°$$

式中　X_T——周期所占格数；

　　　X——两波形在 X 轴方向差距格数。

如图 1-23 中所示，测得 $X_T = 8\text{ div}$，$X = 1.1\text{ div}$，则两正弦波的相位差为

$$\theta = \frac{1.1(\text{div})}{8(\text{div})} \times 360° = 49.5°$$

1.2.3　信号发生器

低频信号发生器是可以产生低频正弦波、矩形波、三角波等电压信号的电子仪

器,它可以根据各种低频电路测试的需要,提供电压、频率均能连续可调的电信号。下面以 TFG2000G 型 DDS 函数信号发生器为例介绍函数信号发生器的使用方法。

一、主要功能特性

采用先进的直接数字合成(DDS)技术,双路独立输出。
使用晶体振荡基准,频率精度高,分辨力高。
液晶显示,中文菜单,操作方便。
具有 FM、AM、FSK、ASK、PSK 多种调制功能。
具有频率扫描、幅度扫描、脉冲串输出功能。
数据存储与重现。
可选配 100MHz 频率计数器。
可选配 GPIB 接口、RS232 接口、USB 接口、RS485 接口。

二、面板功能介绍

TFG2000G 型 DDS 函数信号发生器的面板功能如图 1 – 24 所示。

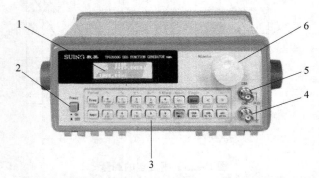

图 1 – 24 TFG2000G 型 DDS 函数信号发生器面板功能
1—液晶显示屏;2—电源开关;3—键盘;4—输出 B;5—输出 A;6—调节旋钮

后面板还有 3 个插孔分别为:调制/外侧输入;TTL 输出;AC 220 V 电源插座。

三、屏幕显示说明

显示屏上面一行为功能和选项显示,左边两个汉字显示当前功能,在"A 路频率"和"B 路频率"时显示输出波形名称。右边 4 个汉字显示当前选项,在每种功能下各有不同的选项,如表 1 – 4、表 1 – 5 和表 1 – 6 所示。表中带阴影的选项为常用选项,可使用面板上的快捷键直接选择,仪器能够自动进入该选项所在的功能。不带阴影的选项较不常用,需要时首先选择相应的功能,然后使用【菜单】键循环选择。

表 1-4 功能选项(一)

按键功能	A 路正弦(A 路波形)		B 路正弦(B 路波形)
选项	A 路频率	参数存储	B 路频率
	A 路周期	参数调出	B 路幅度
	A 路幅度	峰—峰值	B 路波形
	A 路偏移	有效值	B 路谐波
	A 路衰减	步进频率	
	A 占空比	步进幅度	

表 1-5 功能选项(二)

按键功能	0+菜单 扫频	1+菜单 扫幅	2+菜单 调频	3+菜单 调幅	4+菜单 猝发
选项	始点频率	始点幅度	载波频率	载波频率	B 路频率
	终点频率	终点幅度	载波幅度	载波幅度	B 路幅度
	步进频率	步进幅度	调制频率	调制频率	猝发计数
	扫描方式	扫描方式	调制偏频	调幅深度	猝发频率
	间隔时间	间隔时间	调制波形	调制波形	单次猝发
	单次扫描	单次扫描			
	A 路频率	A 路幅度			

表 1-6 功能选项(三)

按键功能	5+菜单 FSK	6+菜单 ASK	7+菜单 PSK	8+菜单 测频	9+菜单 校准
选项	载波频率	载波频率	载波频率	外测频率	校准关闭
	载波幅度	载波幅度	载波幅度	闸门时间	A 路频率
	跳变频率	跳变幅度	跳变相移	低通滤波	调频载波
	间隔时间	间隔时间	间隔时间		调频偏频

显示屏下面一行显示当前选项的参数值及调节旋钮的光标。

四、键盘说明

仪器面板上共有 20 个按键,键体上的黑色字表示该键的基本功能。键上方的蓝色字表示该键的上挡功能,首先按蓝色键【shift】,屏幕右下方显示"S",再按某一键可执行该键的上挡功能。键体上的红色字用来选择仪器的 10 种功能(见功能选项表 1-5 和表 1-6),首先按一个红色字键,再按红色键【菜单】,即可选中该键上红色字所表示的功能。

这里只介绍 20 个键的基本功能,有关蓝色字的上挡功能和红色字的功能选择,需要时可参考该仪器使用说明书。

① 【频率】【幅度】键:频率和幅度选择键。

【0】【1】【2】【3】【4】【5】【6】【7】【8】【9】键:数字输入键。

② 【. / -】键:小数点键,在"A 路偏移"功能时可输入负号。

③ 【MHz】【kHz】【Hz】【mHz】键:双功能键,在数字输入之后执行单位键功能,同时作为数字输入的结束键。不输入数字,直接按【MHz】键执行"shift"功能,直接按【kHz】键选择"A 路"功能,直接按【Hz】键选择"B 路"功能。直接按【mHz】键可以循环开启或关闭按键时的声响。

④ 【菜单】键:双功能键,按任一数字键后按【菜单】键,可选择该键上红色字体的功能。不输入数字,直接按【菜单】键可循环选择当前功能下的选项(功能选项表中不带阴影的选项)。

⑤ 【<】【>】键:光标左右移动键。

五、基本操作方法

1. A 路功能

按【A 路】键,选择"A 路频率"功能。

① A 路频率设定:设定频率为 3.5 kHz。

【频率】【3】【.】【5】【kHz】。

② A 路频率调节:按【<】或【>】键可左右移动数据上边的三角形光标,左右转动旋钮可使指示的数值增大或减小,并能进位或借位,由此可任意粗调或细调频率。其他选项数据也都可以旋钮调节,此处不再赘述。

③ A 路周期设定:设定周期为 2.5 ms。

【周期】【2】【.】【5】【ms】。

④ A 路幅度设定:设定幅度值为 3.2 V。

【幅度】【3】【.】【2】【V】。

⑤ A 路幅度格式选择:有效值或峰—峰值。

【shift】【有效值】或【shift】【峰—峰值】。

⑥ A 路波形选择:A 路选择正弦波或方波。

【shift】【0】选择正弦波,【shift】【1】选择方波。

⑦ A 路占空比设定:A 路选择脉冲波,占空比为 65%。

【shift】【占空比】【6】【5】【Hz】。

⑧ A 路衰减设定:选择固定衰减 0 dB(开机或复位后选择自动衰减 AUTO)。

【shift】【衰减】【0】【Hz】。

⑨ A 路偏移设定:在衰减选择 0dB 时,设定直流偏移值 -1 V。

【shift】【偏移】【-】【1】【V】。

⑩ A 路频率步进:设定 A 路步进频率 12.5 Hz。

按【菜单】键选择"步进频率",按【1】【2】【.】【5】【Hz】,再按【A 路】键选择"A 路频率",然后每按一次【shift】【∧】键,A 路频率增加 12.5 Hz,每按一次【shift】【∨】键,A 路频率减少 12.5 Hz。A 路幅度步进与此类同。

⑪ 存储参数调出:调出 15 号存储参数。

【shift】【调出】【1】【5】【Hz】。

2. B 路功能

按【B 路】键选择"B 路频率"功能。

① B 路频率、幅度设定。

B 路频率和幅度设定与 A 路相类同,只是 B 路不能进行周期设定,幅度设定只能使用峰—峰值,不能使用有效值。

② B 路常用波形选择:选择正弦波、方波、三角波、锯齿波。

【shift】【0】,【shift】【1】,【shift】【2】,【shift】【3】分别选择正弦波、方波、三角波、锯齿波。

③ B 路其他波形选择:B 路可选择 32 种波形。

详见说明书。

④ B 路谐波设定:设定 B 路频率为 A 路频率的 3 次谐波。

【shift】【谐波】【3】【Hz】。

(5) B 路相移调节:设定 A、B 两路的相位差为 90°。

【shift】【相差】【9】【0】【Hz】。

3. A 路频率扫描

按【0】【菜单】,A 路输出频率扫描信号,使用默认参数。

扫描方式设定:设定往返扫描方式。

按【菜单】键选中"扫描方式",按【2】【Hz】。其他扫描方式可详见仪器说明书。

4. A 路幅度扫描

按【1】【菜单】键,A 路输出幅度扫描信号,使用默认参数。

时间间隔设定:设定步进间隔时间 0.5 s。

按【菜单】键选中"间隔时间",按【0】【.】【5】【s】。

其他扫描方式可详见仪器说明书。

扫描幅度显示:按【菜单】键,选中"A 路幅度",幅度显示数值随扫描过程同步变化。

5. A 路频率调制

按【2】【菜单】,A 路输出频率调制(FM)信号,使用默认参数。
调频频偏设定:设定调频频偏 5%。
按【菜单】键选中"调频频偏",按【5】【Hz】。
其他调频参数设定详见仪器说明书。

6. A 路幅度调制

按【3】【菜单】,A 路输出频率调制(AM)信号,使用默认参数。
调幅深度设定:设定调幅深度 50%。
按【菜单】键选中"调幅深度",按【5】【0】【Hz】。
其他调频参数设定详见仪器说明书。

7. B 路计数猝发

按【4】【菜单】,B 路输出计数猝发信号,使用默认参数。
猝发计数设定:设定猝发计数 5 个周期。
按【菜单】键选中"猝发计数",按【5】【Hz】。
其他猝发参数设定详见仪器说明书。

8. A 路 FSK

按【5】【菜单】,A 路输出频移键控(FSK)信号,使用默认参数。
跳变频率设定:设定跳变频率 1 kHz。
按【菜单】键选中"跳变频率",按【1】【kHz】。
其他 FSK 参数设定详见仪器说明书。

9. A 路 ASK

按【6】【菜单】,A 路输出幅移键控(ASK)信号,使用默认参数。
载波幅度设定:设定载波幅度 $2V_{P-P}$。
按【菜单】键选中"载波幅度",按【2】【V】。
其他 ASK 参数设定详见仪器说明书。

10. A 路 PSK

按【7】【菜单】,A 路输出相移键控(PSK)信号,使用默认参数。
跳变相移设定:设定跳变相移 180°。
按【菜单】键选中"跳变相移",按【1】【8】【0】【Hz】。
其他 PSK 参数设定详见仪器说明书。

11. 复位初始化

开机后按【shift】【复位】键后的初始化状态如下：

A 路:波形:正弦波 频率:1 kHz 幅度:$1V_{P-P}$
　　衰减:AUTO 偏移:0 V 方波占空比:50%
　　脉冲波占空比:30% 始点频率:500 Hz 终点频率:5 kHz
　　步进频率:10 Hz 始点幅度:$0V_{P-P}$ 终点幅度:$1V_{P-P}$
　　步进幅度:$0.02V_{P-P}$ 扫描方式:正向 间隔时间:10 ms
　　载波频率:50 kHz 调制频率:1 kHz 调频频偏:5%
　　调幅深度:100% 猝发计数:3CYCL 猝发频率:100 Hz
　　跳变频率:5 kHz 跳变幅度:$0V_{P-P}$ 跳变相位:90°
B 路:波形:正弦波 频率:1 kHz 幅度:$1V_{P-P}$

六、使用注意事项

仪器在符合以下的使用条件时,才能开机使用。

电源电压:AC 220(1±10%)V

频率:50(1±5%)Hz

功耗:<30 VA

将电源插头插入交流 220 V 带有接地线的电源插座中,按面板上的电源开关,电源接通。仪器进行初始化,首先显示仪器名称,然后装入默认参数值,显示"A 路频率"功能的操作界面,最后开通 A 路和 B 路输出信号,进入正常工作状态。

1.2.4　数字交流毫伏表

YB2172F 型数字交流毫伏表主要用于测量频率为 10 Hz ~ 2 MHz,电压为 100 μV ~ 300 V(-80 dB ~ +50 dB)的正弦波电压的有效值。

一、YB2172F 型数字交流毫伏表主要特点

① 全部采用集成电路,工作稳定可靠。

② LCD 显示。输入阻抗高,测量精度高,频率特性好。

③ 由单片机智能化控制和数据处理,实现量程自动转换。

④ 可测量正弦波、三角波、方波、脉冲波等任意波形的电压值。

⑤ 具有双通道、双显示和开关切换显示有效值或分贝值。

⑥ 设有共地浮置功能,确保在不同电压参考点时能安全、准确地测量。噪声低,线性好。

⑦ 拥有标准 RS232 串行接口(用户选用)。

二、YB2172F 型数字交流毫伏表的技术指标

① 测量电压范围:100 μV ~ 300 V,−80 ~ +50 dB。
② 基准条件下电压的固有误差:(以 1 kHz 为基准)±1% ±2 个字。
③ 测量电压的频率范围:10 Hz ~ 2 MHz。
④ 基准条件下频率影响误差:(以 1 kHz 为基准)

50 Hz ~ 100 kHz: ±3% ±8 个字;
20 Hz ~ 50 Hz;100 Hz ~ 500 kHz: ±5% ±10 个字;
10 Hz ~ 20 Hz;500 kHz ~ 2 MHz: ±6% ±15 个字。

⑤ 分辨力:10 μV。
⑥ 输入阻抗:输入阻抗≥1 MΩ;输入电容≤40 pF。
⑦ 最大输入电压:DC + AC$_{P-P}$:500 V。
⑧ 输出电压:1V_{rms} ±5% (以 1 kHz 为基准,输入信号为 5.5 × 10^n V(−4 ≤ n ≤ 1,n 为整数)±2 个字输入时)。
⑨ 噪声:输入短路电流小于 6 个字。
⑩ 电源电压:交流 200 V ±10%,50 Hz ±4%。

三、使用前注意事项

1. 检查电压

参考表 1−7 可知该交流毫伏表的正确工作电压范围,在接通电源之前应检查电源电压。

表 1−7 检查电压

额定电压	工作电压范围
交流 200 V	交流 198 ~ 242 V

2. 确保所用的熔断丝是指定的型号

为了防止由于过流引起的电路损坏,请使用正确的熔断丝值,如表 1−8 所示。

表 1−8

型 号	YB2172F
交流 200 V	0.5 A

如果熔断丝熔断,仔细检查原因,修理后换上规定的熔断丝。如果使用的熔断丝不当,不仅会导致出现故障,甚至会使故障扩大。因此,必须使用正确的熔断丝。

3. 输入电压不可高于规定的最大输入电压

四、面板介绍及操作说明

YB2172F 型数字交流毫伏表面板功能如图 1 – 25 所示。

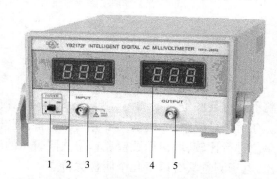

图 1 – 25　YB2172F 型数字交流毫伏表的面板分布图

1—电源开关：电源开关按键弹出即为"关"位置，将电源线接入，按电源开关以接通电源。

2—电压显示窗口：LCD 数字面板表显示输入信号的电压有效值。

3—输入插座：输入信号由此端输入。

4—dB 值显示窗口：LCD 数字面板表显示输入信号的电压分贝值。

5—输出端口：输出信号由此端输出。

五、基本操作方法

① 打开电源开关前，首先检查输入的电源电压，然后将电源线插入后面板上的交流插孔。

② 电源线接入后，按电源开关以接通电源，并预热 5 分钟。

③ 将输入信号由输入端口接入交流毫伏表即可。

④ 通过 RS232 串行通信接口电缆与 PC 机连接，通过 PC 机软件可同步显示仪器的测量值。

第 2 章　模拟电子技术的基本测量方法

2.1　概　　述

电子技术实验离不开对某些电量的测量,测量是为了确定被测量对象的量值而进行的实验过程。在这个过程中,人们借助于专门的设备,把被测量对象直接或间接地与同类已知单位进行比较,取得用数值和单位共同表示的测量值。

与其他测量相比,电子测量具有以下几个明显的特点。

① 测量频率范围宽。被测信号的频率范围除直流信号外,还包括交流信号,其频率范围低至 10^{-6} Hz 以下,高至 10^{12} Hz。

② 量程范围宽。如数字万用表对电压的测量范围由纳伏(nV)级至千伏(kV)级,量程达 12 个数量级。

③ 测量准确度高。例如,用电子测量方法对频率和时间进行测量时,由于采用原子频标和原子秒作为基准,使时间的测量误差减小到 $10^{-14} \sim 10^{-13}$ 量级。用标准电池作为基准,可使电压的测量误差减小到 10^{-6} 量级。正是由于电子测量能够准确地测量频率和电压,因此,人们往往把其他参数转换成频率或电压后再进行测量。

2.1.1　测量方法的分类

为实现测量目的,正确选择测量方法是极其重要的,它直接关系到测量工作能否正常进行和测量结果的有效性。测量方法按照不同的分类方法大致包括以下几种。

1. 按测量性质分类

按测量性质分类,有时域测量法、频域测量法、数据域测量法和随机量测量法 4 种。

(1) 时域测量法

时域测量法用于测量与时间有函数关系的量,如电压、电流等。它们的稳态值和有效值多用仪表直接测量,而它们的瞬时值可通过示波器显示其波形,以便观察其随时间变化的规律。

(2) 频域测量法

频域测量法用于测量与频率有函数关系的量,如增益、相移等。可以通过分析电路的幅频特性和相频特性等进行测量。

（3）数字域测量法

数字域测量法是对数字逻辑量进行测量。如用逻辑分析仪可以同时观测许多单次并行的数据。对于计算机的地址线、数据线上的信号,既可显示其时序波形,也可用1、0显示其逻辑状态。

（4）随机量测量法

随机量测量法主要是指对各种噪声、干扰信号等随机量的测量。

2. 按测量手段分类

按测量手段分类,有直接测量法、非直接式测量法、组合测量法和调零测试法4种。

（1）直接测量法

直接测量法用于保证测量结果与校验标准一致。在直接测量方法中,测量者直接测到的量值就是它最终所需要的被测量的值。测量过程主要是一个直接的比较过程。

（2）非直接式测量法

非直接式测量法是指直接测量的并不是实验者最终想要得到的量值,而是以这些量值作为后续计算的基础。即利用直接测得的量与被测量之间的函数关系（可以是公式、曲线或表格等）,间接得到被测量量值的测量方法。间接测量的方法比较麻烦,常在直接测量法不方便或间接测量法的结果较直接测量法更为准确等情况下使用。

（3）组合测量法

组合测量法是兼用直接测量与间接测量的方法。在某些测量中,被测量与几个未知量有关,需要通过改变测量条件进行多次测量,根据测量与未知参数间的函数关系联立求解。

（4）调零测试法

调零测试法的基本过程是:将一个校对好的基准源与未知的被测量进行比较,并调节其中一个,使两个量值之差达到零值。这样,从基准源的读数便可以得知被测量的值。

2.1.2 测量方法的选择

在选择测量方法时,主要考虑几个因素:被测量本身的特性;所要求的测量准确度;测量环境;现有测量设备。在此基础之上,选择合适的测量仪器和正确的测量方法。否则,即使使用价值昂贵的精密仪器设备,也不一定能够得到准确的测量结果,甚至可能损坏测量仪器和被测设备。

例 2-1 如图 2-1 所示,测量差分放大电路中 VT_1 的集电极电位时,若采用数字式电压表(内阻 10 MΩ)来进行测量,测量值为 5 V。问:若用模拟式万用表的电压挡(电压灵敏度为 20 kΩ/V)来测量,测量值又为多少?

解:将测量电路用等效电路来表示,如图 2-2 所示。其中,E_0 是高内阻回路的电压值(数字电压表的测量值),万用表的内阻 $R = 20 \text{ kΩ/V} \times 5 \text{ V} = 100 \text{ kΩ}$。万用表实际测量的是 A、B 两点的电压值,即 R、R_0 的串联分压值。因此万用表的测量值为:

$$U = RE_0/(R + R_0) = 100 \text{ kΩ} \times 5 \text{ V}/(100 + 50) \text{ kΩ} = 3.3 \text{ V}$$

从上述测量值可知,实际为 5 V 的电压,用低内阻的万用表来测量,测量值仅为 3.3 V,可见误差之大。因此,在测量高内阻回路的电压时,要采用具有高内阻的测量仪器。

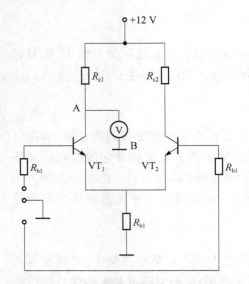
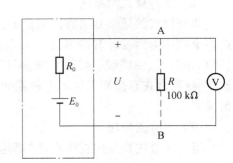

图 2-1　用电压表测量高内阻回路的示意图　　图 2-2　用万用表测量高内阻的等效电路

2.2　电压、电流测量

2.2.1　电压的测量

在电子测量领域中,电压是基本参数之一。许多电参数,如增益、频率特性、电流、功率调幅度等都可视为电压的派生量。各种电路工作状态,如饱和、截止等,通常都以电压的形式反映出来。不少测量仪器也都用电压来表示。因此,电压的测量是许多电参数测量的基础。电压的测量对调试电子电路可以说是必不可少的。

在模拟电子技术实验中,应针对不同的测量对象采用不同的测量方法。如:测量精度要求不高,可用示波器或普通万用表;如果希望测量精度较高,应根据现有条件,选择合适的测量仪器。

1. 直流电压的测量

放大电路的静态工作点、电路的工作电源等都是直流电压。电子电路中的直流电压一般分为两大类,一类为直流电源电压,它具有一定的直流电动势 E 和等效内阻 R_S;另一类是直流电路中某元器件两端之间的电压差或各点对地的电位。

直流电压的测量方法大体上有直接测量法和间接测量法两种。下面介绍经常使用的测量方法。

(1) 模拟式万用表测量直流电压

模拟式万用表的直流电压挡是由表头串联分压电阻和并联电阻组成的,因而其输入电阻一般不太大,而且各量程挡的内阻不同,量程越大内阻越大。要注意表的内阻与被测电路并联产生的影响,若电表的内阻不是远大于被测电路的等效电阻时,将造成测量值比实际值小得多,产生较大的测量误差,有时甚至得出错误的结论。因此测量时,要考虑电表输入阻抗、量程和频率范围,尽量使被测电压的指示值在仪表的满刻度量程的 2/3 以上,这样可以减小测量误差。

在测量前应对模拟式万用表进行机械调零,注意被测电量的极性,选择合适的量程挡位,同时要正确读数。一般来说,模拟式万用表的直流电压挡测量电压只适用于被测电路等效内阻很小或信号源内阻很小的情况。

(2) 零示法测量直流电压

为了减小由于模拟式电压表内阻不够大而引起的测量误差,可用如图 2-3 所示的零示法。图中 E_S 为大小可调的标准直流电源,测量时,先将标准电源 E_S 置最小,电压表置较大量程挡,然后缓慢调节标准电源 E_S 的大小,并逐步减小电压表的量程挡,直到电压表在最小量程挡指示为零,此时有源二端网络的电压等于 E_S,电压表中没有电流流过,电压表的内阻对被测电路无影响。断开电路,用电压表测量标准电源

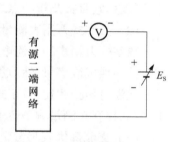

图 2-3 零示法测量直流电压

E_S 的大小即为被测有源二端网络的电压大小。在此由于标准直流电源的内阻很小,一般均小于 1 Ω,而电压表的内阻一般在 kΩ 级以上,所以用电压表直接测量标准电源的输出电压时,电压表内阻引起的误差完全可以忽略不计。一般采用跟随器和放大器等电路提高电压表的输入阻抗和测量灵敏度,这种电子电压表可在电子电路中测量高电阻电路的电压值。

(3) 数字式万用表测量直流电压

数字式万用表添加了许多新功能,如测量电容值、晶体管放大倍数、二极管压降等,还有一种会说话的数字式万用表,能把测量结果用语言播报出来。数字式万用表的基本构成部件是数字直流电压表,因此,数字式万用表均有直流电压挡。用它测量直流电压可直接显示被测直流电压的数值和极性,有效数值位数较多,精确

度高。一般数字式万用表直流电压挡的输入电阻较高,至少在兆欧级,对被测电路影响很小。但极高的输出阻抗使其易受感应电压的影响,在一些电磁干扰比较强的场合测出的数据可能误差非常大。

2. 交流电压的测量

由于放大电路的输入/输出信号一般是交流信号,对于一些动态指标如电压增益、输入和输出电阻等也经常用加入正弦电压信号的方法进行间接测量。

模拟电子技术实验中对正弦交流电压的测量,一般只测量其有效值,特殊情况下才测量峰值。由于万用表结构上的特点,虽然也能测量交流电压,但对频率仍有一定的限制。因此,测量前应根据待测量的频率范围,选择合适的测量仪器和方法。

(1) 模拟式万用表测量交流电压

用模拟式万用表的交流电压挡测量电压时,交流电压是通过检波器转换成直流电压后直接推动磁电式微安表头,由表头指针指示出被测交流电压的大小,测量时应注意其内阻对被测电路的影响。此外,模拟式万用表测量交流电压的频率范围较小,一般只能测量频率在 1 kHz 以下的交流电压。它的优点是:由于模拟式万用表的公共端与外壳绝缘胶木无关,与被测电路无共同机壳接地(即接地)问题,因此,可以用它直接测量两点之间的交流电压。

(2) 数字式万用表测量交流电压

数字式万用表的交流电压挡,是将交流电压检波后得到的直流电压,通过 A/D 转换器转换成数字量,然后用计数器计数,以十进制显示被测电压值。与模拟式万用表交流电压挡相比,数字式万用表的交流电压挡输入阻抗高,对被测电路的影响小,但同样存在测量频率范围小的缺点。

(3) 交流毫伏表测量交流电压

交流毫伏表将被测信号经过放大后再检波(或先将被测信号检波后再放大)变换成直流电压,推动微安表头,由表头指针指示出被测电压的大小。这类电压表的输入阻抗高,量程范围广,使用频率范围宽。一般交流毫伏表的金属机壳为接地端,另一端为被测信号输入端。因此,这种表一般只能测量电路中各点对地的交流电压,不能直接测量任意两点间的电压,实验中应特别注意。

(4) 示波器测量交流电压

用示波器测量交流电压同测量直流电压时一样,都需要把通道灵敏度微调电位器旋至校准位置,在示波器显示出被测信号的稳定波形,调节示波器通道灵敏度"V/div"旋钮,使屏幕上的波形高度适中,记下波形在 Y 方向所占的格数值,则交流电压的有效值为

$$电压有效值 = (电压峰 - 峰值)/2\sqrt{2}$$

2.2.2 电流的测量

电流的测量也是电参数测量的基础,静态工作点、电流增益、功率等的测量,以及许多实验的调试、电路参数的测量,都离不开对电流的测量。实验中电流可分为两类:直流电流和交流电流。与电压测量类似,由于测量仪器的接入,会对测量结果带来一定的影响,也可能影响到电路的工作状态,实验中应特别注意。不同类型电流表的原理和结构不同,影响的程度也不尽相同。一般电流表的内阻越小,对测量结果影响就越小,反之就越大。因此,实验过程中应根据具体情况,选择合理的测量方法和合适的测量仪器,以确保实验的顺利进行。

1. 直流电流的测量

（1）模拟式万用表测量直流电流

模拟式万用表的直流电流挡,一般由磁电式微安表头并联分流电阻构成,量程的扩大通过并联不同的分流电阻实现,这种电流表的内阻随量程的大小而不同,量程越大,内阻越小。用模拟式万用表测量直流电流时,应将万用表串联在被测电路中,因为只有串联才能使流过电流表的电流与被测支路电流相同。测量时,应断开被测支路,将万用表红、黑表笔串接在被断开的两点之间。特别应注意电流表不能并联在被测电路中,这样做是很危险的,极易烧毁万用表。

（2）数字式万用表测量直流电流

数字式万用表直流电流挡的基础是数字式电压表,它通过电流—电压转换电路,使被测电流流过标准电阻,将电流转换成电压来进行测量。如图 2-4 所示,由于运算放大器的输入阻抗很高,可以认为被测电流 I_X 全部流经标准取样电阻 R_N,R_N 上的电压与被测电流 I_X 成正比,经放大器放大后输出电压 $U_O[U_O=(1+R_3/R_2)R_N I_X]$ 就可以作为数字式电压表的输入电压来进行测量。

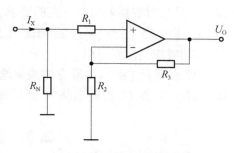

图 2-4 电流—电压转换电路

数字式万用表的直流电流挡的量程切换是通过切换不同的取样电阻 R_N 来实现的。量程越小,取样电阻越大,当数字式万用表串联在被测电路中时,取样电阻的阻值会对被测电路的工作状态产生一定的影响,在使用时应注意。

（3）并联法测量直流电流

将电流表串联在被测电路中测量电流是电流表的使用常识,但是作为一个特例,当被测电流是一个恒流源而电流表的内阻又远小于被测电路中某一串联电阻时,电流表可以并联在这个电阻上测量电流。此时电路中的电流绝大部分流过电阻小的电流表,而恒流源的电流是不会因外电阻的减小而改变的。如图 2-5 所示电路,要测量晶体管的集电极电流,若 R_C 的值比电流表内阻大得多,且电流表的接入对集电极电流的影响很小,则电流表的测量值几乎为集电极电流。在做这种不规范的测量时,要进行正确的分析,否则会造成电路或电流表的损坏。

(4) 间接测量法测量直流电流

电流的直接测量法要求断开回路后再将电流表串联接入,往往比较麻烦,容易因疏忽而造成测量仪表的损坏。当被测支路内有一个定值电阻 R 可以利用时,可以测量该电阻两端的直流电压 U,然后根据欧姆定律算出被测电流:$I = U/R$。这个电阻 R 一般称为电流取样电阻。

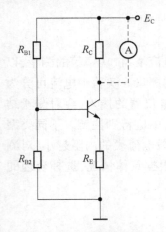

图 2-5 并联法测量直流电流

当然,当被测支路无现成的电阻可利用时,也可以人为地串入一个取样电阻来进行间接测量,取样电阻的取值原则是对被测电路的影响越小越好,一般为 1～10 Ω,很少超过 100 Ω。

2. 交流电流的测量

一般交流电流的测量都采用间接测量法,即先用交流电压表测出电压后,用欧姆定律换算成电流,用间接法测量交流电流的方法与间接法测量直流电流的方法相同。只是对取样电阻有一定的要求。

① 当电路工作频率在 20 kHz 以上时,就不能选用普通线绕电阻作为取样电阻,高频时应用薄膜电阻。

② 在测量中必须将所有的接地端连在一起,即必须共地,因此取样电阻要连接在接地端,在 LC 振荡电路中,要接在低阻抗端。

2.3 阻抗的测量

输入电阻 R_i 和输出电阻 R_o 是放大器重要的两个参数,输入电阻 R_i 表征对信号的衰减程度,输出电阻 R_o 表征放大器带负载的能力,现在介绍用实验的方法测量输入电阻 R_i 和输出电阻 R_o。

2.3.1 输入电阻的测量

这里介绍用替代法和换算法测量输入电阻 R_i。

1. 替代法

电路如图 2-6 所示,图中 R_i 为二端网络(放大器通常为二端网络)的等效输入电阻,U_S、R_S 分别是信号源的电压和内阻,当开关 S 置到 C 点时,测 a、b 两点的电压为 U_i,将 S 置到点 d 时,调节可调电阻 R_P 使 a、b 两点的电压仍为 U_i 值,则此时 R_P 的值就等于输入电阻 R_i 的值。

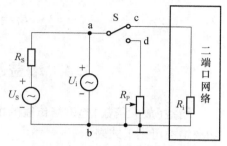

图 2-6 用替代法测输入电阻

2. 换算法

(1) 输入电阻 R_i 为低值

此时可用图 2-7 所示的电路进行测量,在放大器正常工作的情况下,用交流毫伏表测出 u_S 和 u_i 的有效值(U_S 和 U_i),则根据输入电阻的定义可得

$$R_i = \frac{U_i}{U_S - U_i} R = \frac{R}{\frac{U_S}{U_i} - 1}$$

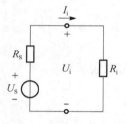

图 2-7 用换算法测输入电阻

(2) 输入电阻 R_i 为高值

场效应管放大电路的输入电阻 R_i 非常高,测量电路如图 2-8 所示。

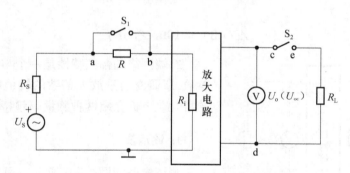

图 2-8 用换算法测高输入电阻或输出电阻

当 S_1 闭合,S_2 断开时用毫伏表测出放大器的输出电压 U_{o1},当 S_1、S_2 都断开时用毫伏表测出输出电压 U_{o2},则

$$R_i = \frac{U_{o2}}{U_{o1} - U_{o2}} R$$

2.3.2 输出电阻 R_o 的测量

常用测量输出电阻的 R_o 电路如图 2-8 所示(图中 S_1 闭合,短接 R)。分别测出负载断开的输出电压 U_{oc}(开路电压)和接入负载 R_L 的输出电压 U_o,则输出电阻 R_o 为

$$R_o = \left(\frac{U_{oc}}{U_o} - 1\right)R_L$$

2.4 增益及幅频特性的测量

增益(放大倍数)是网络传输的重要参数。一个有源二端网络的电流、电压和功率增益可用下式表示。

$$A_i = \frac{I_o}{I_i}$$

$$A_u = \frac{U_o}{U_i}$$

$$A_p = \frac{P_o}{P_i}$$

在工程上,通常用分贝(dB)来表示增益,所以上式又可以表示为

$$A_i(\mathrm{dB}) = 20\lg\frac{I_o}{I_i}(\mathrm{dB})$$

$$A_u(\mathrm{dB}) = 20\lg\frac{U_o}{U_i}(\mathrm{dB})$$

$$A_p(\mathrm{dB}) = 10\lg\frac{P_o}{P_i}(\mathrm{dB})$$

二端网络的幅频特性是一个与频率有关的参数,所研究的是放大倍数的幅值随频率变化的特性。下面介绍两种测量幅频特性的方法。

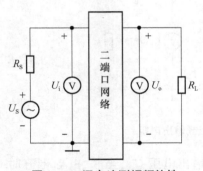

图 2-9 逐点法测幅频特性

1. 逐点法

测试电路如图 2-9 所示。通常用毫伏表或示波器作监测,改变输入信号频率,保持输入信号 U_i 为常数,在输出电压 U_o 不失真的情况下,分别测出所对应的输出电压 U_o,并计算电压增益 $A_u = U_o/U_i$,通过描点即可测出放大电路的幅频特性。

2. 扫描法

扫描法就是用扫频仪测量二端网络幅频特性的方法,是目前广泛使用的方法。扫频仪测量放大电路幅频特性的原理如图 2-10 所示。扫频仪将一个与扫描电压同步的调频(扫频)信号送入网络输入端口,并将网络输出端口电压检波后送示波管 Y 轴(偏转板),因此在荧屏 Y 轴方向显示被测网络输出电压幅值;而示波

管的 X 轴方向即为频率轴,加到 X 偏转板上的电压与扫频信号的频率变化规律一致(注意扫描电压发生器输出到 X 轴偏转板的电压正符合这一要求),这样示波管屏幕上才能显示出清晰的幅频特性曲线。

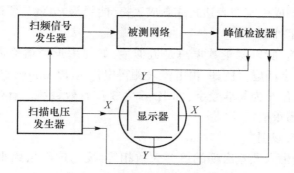

图 2-10 用扫描法测幅频特性框图

2.5 测量误差分析与处理

1. 测量误差

在电子电路实验中,为了获取表征被研究对象特征的定量信息,必须准确地进行测量。在测量过程中,由于受到测量仪器精度、测量方法、环境条件或测量者能力等因素的影响,测量结果和待测量的客观真值之间总存在一定差别,即测量误差。因此,为分析误差产生的原因,必须了解和掌握一定的测量数据处理知识。

误差可以用绝对误差和相对误差来表示。

(1) 绝对误差

设被测量的真实值为 A,仪器的测量值为 X,则绝对误差为

$$\Delta X = X - A$$

绝对误差值的大小往往不能确切地反映出被测量的准确程度。例如,测 100 V 电压时, $\Delta X_1 = +2$ V;在测 10 V 电压时, $\Delta X_2 = +0.5$ V,虽然 $\Delta X_1 > \Delta X_2$,可实际 ΔX_1 只占被测量的 2%,而 ΔX_2 却占被测量的 5%,显然,后者的误差对测量结果的影响相对较大。因此,为弥补绝对误差的不足,工程上常采用相对误差来比较测量结果的准确程度。

(2) 相对误差

相对误差,是用绝对误差 ΔX 与被测量的实际值 A 比值的百分数来表示的相对误差,记为

$$r_A = \frac{\Delta X}{A} \times 100\%$$

2. 测量误差处理

通过实际测量取得测量数据后,通常还要对这些数据进行计算、分析、整理,有时还要把数据归纳成一定的表达式或画成表格、曲线等,也就是要进行数据处理。

(1) 有效数字处理

由于存在误差,所以测量数据总是近似值,如何用近似值恰当地表示测量结果,就涉及有效数字问题。例如,由电流表测得电流为 12.6 mA,这是个近似值,12 是可靠数字,而末位 6 为欠准数字,即 12.6 为 3 位有效数字。有效数字对测量结果的科学表述极为重要。

(2) 数据舍入规则

为了使正、负舍入误差出现的机会大致相等,现已广泛采用小于 5 舍,大于 5 入,等于 5 时取偶数的舍入规则。

(3) 有效数字的曲线处理

在模拟电子技术实验中,有些情况对测量结果的要求并不十分严格,测量结果常要用曲线来表示。在实际测量过程中,由于各种误差的影响,测量数据将出现离散现象,如将测量点直接连接起来,将不是一条光滑的曲线,而是呈折线状。应用有关误差理论,可以把各种随机因素引起的曲线波动抹平,使其成为一条光滑均匀的曲线,这个过程称为曲线的修匀。

第 3 章 模拟电子技术实验

3.1 实验的目的、意义和要求

一、实验的目的和意义

模拟电子技术是电工电子、通信类专业的必修课,模拟电子技术实验课的目的是加强学生对电子技术基础知识的掌握,使学生通过实验过程既要验证模拟电路理论的正确性和实用性,又要从中发现理论的近似性和局限性。同时,还可以发现新问题,形成新思路,产生新设想,从而进一步促进模拟电路理论和应用技术的发展。在这一过程中,不仅要巩固深化基础理论和基础概念并付诸于实践,更要培养理论联系实际的学风,严谨求实的科学态度和基本工程素质,其中应特别注意动手能力的培养,以适应将来实际工作的需要。

二、实验的要求

1. 实验准备

为避免盲目性,参加实验者应对实验内容进行预习。要明确实验目的要求,掌握与实验内容相关的基本原理,拟出实验方法和步骤,设计实验表格,对思考题作出解答,初步估算(或分析)实验结果(包括参数和波形),最后做出预习报告。

2. 实验进行

① 参加实验者要自觉遵守实验室规则。
② 根据实验内容合理布置实验现场。仪器设备和实验装置安放要适当。按实验方案搭建实验电路和测试电路。
③ 要认真记录实验条件和测试数据、波形(并进行分析判断所得数据、波形是否正确)。发生故障应独立思考,耐心排除,并记下排除故障过程和方法。
④ 严禁私自更换实验座位和实验设备。
⑤ 发生事故应立即切断电源,并报告指导教师和实验室有关人员,等候处理。
⑥ 实验完成后,必须经教师检查同意后才能拆除线路,清理现场。

3. 实验报告

作为一个工程技术人员必须具有撰写实验报告这种技术文件的能力。

(1) 实验报告内容

实验报告应包括以下几个部分。

① 实验目的和要求。

② 实验电路、测试电路和实验的工作原理。

③ 实验用的仪器、主要工具。

④ 实验的具体步骤。实验原始数据及实验过程的详细情况记录,整理和处理测试的数据和用坐标轴描绘出波形,列出表格或用坐标纸画出曲线。

⑤ 实验结果和分析。对测试结果进行理论分析,做出简明扼要的结论。找出产生误差原因,必要时,应对实验结果进行误差分析。

⑥ 实验小结。实验小结即是总结实验过程的完成情况,对实验方案和实验结果进行讨论;记录产生故障情况,说明排除故障的过程和方法;对实验中遇到的问题进行分析,简单叙述实验的收获和体会。

(2) 实验报告要求

撰写实验报告要遵守一定的规范和要求。实验报告应结论正确、分析合理、讨论深入、文理通顺、简明扼要、符号标准、字迹端正、图表清晰。在实验报告上还应注明课题、实验者、实验日期、使用仪器编号等内容。

3.2 实 验 项 目

3.2.1 晶体管共射单级放大器

一、实验目的

① 掌握放大器静态工作点的设置以及对放大器性能的影响。

② 学习测量放大倍数、输入电阻 R_i、输出电阻 R_o 的方法,掌握共发射极放大电路的特性。

③ 观察静态工作点设置不同对直流、交流负载线和输出波形的影响。

④ 学习放大器的动态性能。

二、实验仪器

1. 示波器　　2. 毫伏表　　3. 函数信号发生器
4. 万用表　　5. 直流稳压电源　　6. S9013($\beta = 50 \sim 100$)、电阻和电容若干

三、实验原理

图 3-1 为电阻分压式单管共射放大电路实验电路图。

第3章 模拟电子技术实验

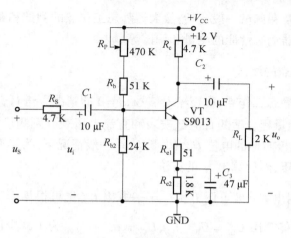

图 3-1 共射极单管放大器

它的偏置电路采用 R_{b1}（即 $R_b + R_P$）和 R_{b2} 组成的分压电路，并在发射极接有电阻 R_e（即 $R_{e1} + R_{e2}$），以稳定放大器的静态工作点。放大器的输入端加输入信号 u_i 后，在放大器的输出端就能得到一个与输入信号 u_i 相位相反、幅值放大的输出信号 u_o，从而实现了电压放大。

在图 3-1 电路中，流过支路 $R_b + R_P$ 的电流远大于三极管的基极电流（一般为 5～10 倍），它的静态工作点可用下式估算。

$$U_B = \frac{R_{b2}}{R_{b1} + R_{b2}} V_{CC}$$

$$I_E = \frac{U_B - U_{BE}}{R_e} \approx I_C$$

$$U_{CE} = V_{CC} - I_C(R_c + R_e)$$

电压放大倍数

$$A_u = \frac{\beta R'_L}{r_{be} + (1+\beta)R_{e1}}$$

其中

$$R'_L = R_c // R_L$$

输入电阻

$$R_i = R_{b1} // R_{b2} // (1+\beta)R_{e1}$$

输出电阻

$$R_o \approx R_c$$

由于电子器件性能的分散性比较大，在设计和制作晶体管放大电路时离不开测量和调试技术。在设计前应测量所有元器件的参数，为电路设计提供必要的依据。在完成设计和装配后，还要测量和调试放大器的静态工作点和各项性能指标。一个优质的放大器必然是理论设计与实验调整结合的产物。因此除了学习放大器理论知识与设计方法外，还必须掌握必要的测量和调试技术。

放大器的测量和调试一般包括:放大器静态工作点的测试和调试,消除干扰与自激振荡及放大器动态性能的测量和调试等。

1. 静态工作点的测试

测量放大器静态工作点,应在输入信号 $u_i = 0$ 的情况下进行,即将放大器输入端短接,然后选用量程合适的直流毫安表和直流电压表分别测量晶体管的集电极电流 I_C 以及各电极对地的电位 U_B、U_C 和 U_E。一般情况下,为了避免断开集电极,所以采用测量电压,然后算出 I_C 的方法。

例如,只要测出 U_E,即可用 $I_C \approx I_E = \dfrac{U_E}{R_e}$ 算出 I_C(也可根据 $I_C = \dfrac{V_{CC} - U_C}{R_c}$,由 U_C 测出 I_C),同时也能算出 $U_{BE} = U_B - U_E$,$U_{CE} = U_C - U_E$。为了减少误差,提高测量精度,应选用内阻较高的直流电压表。

静态工作点选得不恰当会导致输出波形失真,因此静态工作点是否合适对放大器的性能和输出波形都有很大的影响。如工作点偏高接近饱和区,放大器在加入交流信号后易出现饱和失真,此时 u_o 的负半周将被削底,如图 3-2(a) 所示;如工作点偏低接近截止区则易出现截止失真,此时 u_o 的正半周将被削顶,如图 3-2(b) 所示。所以在选定静态工作点之前还必须进行动态测试,即在放大器输入端加入一定的 u_i,检查输出电压 u_o 的大小和波形是否满足要求,如不满足要求,则应调整静态工作点的位置。

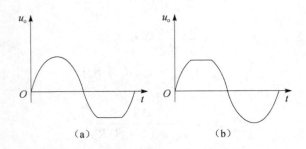

图 3-2 静态工作点对 u_o 波形失真的影响

改变 V_{CC},R_c,R_{b1} 和 R_{b2} 都会引起静态工作点的变化,但通常都采用调节偏置电阻 R_P 的方法来改变静态工作点,若出现截止失真可以减小 R_P,若出现饱和失真可以增大 R_P。

最后还要说明的是,上面所说的工作点"偏高"或"偏低"不是绝对的。应该是相对信号的幅度而言,如信号幅度小,即使工作点较高或较低也不一定会出现失真。所以确切地说,产生波形失真是信号幅度与静态工作点设置配合不当所致。如需满足较大信号幅度的要求,静态工作点最好靠近交流负载线中心。

2. 放大器动态指标的测试

放大器的动态指标包括电压放大倍数 A_u、输入电阻 R_i、输出电阻 R_o、最大不失真输出电压 U_{op-p}（动态范围）和通频带 $BW_{0.7}$ 等。

（1）电压放大器 A_u 测量

放大器的静态工作点调整合适后，然后在输入端加入输入电压 u_i，在输出电压 u_o 不失真的情况下，用交流毫伏表测出 u_i 和 u_o 的有效值（U_i 和 U_o），则

$$A_u = \frac{U_o}{U_i}$$

（2）输入电阻 R_i 的测量

为了测量放大器的输入电阻 R_i，按图 3-3 所示电路在放大器的输入端与信号源之间串入一已知电阻 R_S，在放大器正常工作的情况下，用交流毫伏表测出 u_S 和 u_i 的有效值（U_S 和 U_i），则根据输入电阻的定义可得

$$R_i = \frac{U_i}{I_i} = \frac{U_i}{\dfrac{U_{Rs}}{R_S}} = \frac{U_i}{U_S - U_i} R_S$$

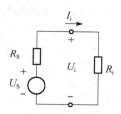

图 3-3 输入电阻 R_i 的测量

测量时应注意：

① 由于电阻 R_S 两端没有电路公共接地点，所以测量 R_S 两端的电压 U_{Rs} 时必须分别测出（U_S 和 U_i），然后按照 $U_{Rs} = U_S - U_i$ 求出 U_{Rs} 值。

② 电阻 R_S 的值不宜取得过大或过小，以免产生较大的测量误差，通常取 R_S 与 R_i 为同一数量级，本实验取 $R_S = 4.7 \text{k}\Omega$。

（3）输出电阻 R_o 的测量

按图 3-4 所示电路，在放大器正常工作情况下，测出输出端不接负载 R_L 时的输出电压 U_{oc} 和接入负载 R_L 时的输出电压 U_o，根据

$$U_o = \frac{R_L}{R_o + R_L} U_{oc}$$

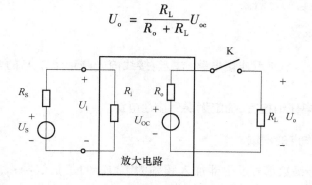

图 3-4 输出电阻 R_o 的测量

即可求出 R_o

$$R_o = \left(\frac{U_{oc}}{U_o} - 1\right)R_L$$

在测量中应注意,必须保持 R_L 接入前后输入信号的大小不变。

(4) 最大不失真输出电压 U_{op-p} 的测量

如上所述,为了得到最大动态范围,应将静态工作点最好尽量调到靠近交流负载线的中心点上。为此在放大器正常工作情况下,逐步增大输入信号 u_i 的幅度,并同时调节 R_P(改变静态工作点),用示波器观察 u_o 的波形,当输出波形同时出现削底和削顶现象时,说明静态工作点已靠近交流负载线的中点上。然后反复调整输入信号 u_i 的幅度,使输出波形幅度最大,且无明显失真时,用交流毫伏表测出 U_o (有效值),则动态范围等于 $2\sqrt{2}U_o$。

(5) 放大器频率特性的测量

放大器的频率特性是指放大器的电压放大倍数与输入信号频率之间的关系曲线。单管共射放大器的幅频特性如图 3-5 所示,A_{um} 为中频电压放大倍数,通常规定电压放大倍数随频率的变化下降到中频放大倍数的 $\frac{1}{\sqrt{2}}$ 倍时,即 $0.707A_{um}$ 时所对应的频率分别称为下限频率 f_L 和上限频率 f_H,则通频带 $BW_{0.7} = f_H - f_L$。

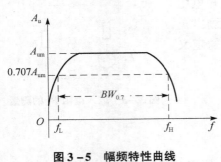

图 3-5 幅频特性曲线

放大器的幅频特性曲线就是测量输入不同频率信号时的电压放大倍数 A_u。为此,可采用前述测 A_u 的方法,每改变一个信号频率,测量其相应的电压放大倍数。在测量时应注意取点要恰当,在低频段与高频段应多测几点,在中频段可以少测几点。此外,在改变频率时,要保持输入信号的幅度不变,且输出波形不失真。

四、实验内容和方法

1. 连接电路

① 按照图 3-1 所示连接电路(注意:接线前先测量 +12 V 的电源,关闭电源后再接线)。

② 接线完毕仔细检查,确定无误后接通电源。

2. 静态工作点的测试

在输入端用函数信号发生器加入频率为 1 kHz 的正弦信号 u_i,调节输入信号 u_i 的幅度和电位器 R_P,用示波器观察输出电压 u_o 的波形,使之幅度最大而且不失真(或失真最小),然后使函数信号发生器输出为零,用直流电压表测量 U_B、U_C 和 U_E 的值。同时测出 R_P 的大小(便于计算理论值),填入表 3-1 中。

表 3-1　实验数据一

R_P/Ω	U_B/V		U_E/V		U_C/V		I_C/mA(计算)	
	测量值	理论值	测量值	理论值	测量值	理论值	测量值	理论值

3. 观察静态工作点对输出波形失真的影响

取 $R_c = 2\text{ k}\Omega$,$R_L = 2\text{ k}\Omega$,$u_i = 0$,调节 R_P 使 $I_C = 1.5\text{ mA}$,测出 U_{CE},再逐步增大输入信号幅度,使输出电压 u_o 幅度足够大但不失真,然后保持输入信号不变,分别增大和减小 R_P,使放大器出现饱和失真和截止失真,并测出此时的 U_B、U_C 和 U_E 值,记录在表 3-2 中。

表 3-2　实验数据二

R_P	U_B	U_C	U_E	输出波形情况
最大				
合适				
最小				

4. 放大器动态性能的测试

(1) 电压放大倍数的测试

在放大器输入端加入频率为 1 kHz 的正弦信号 u_i,调节输入信号 u_i 的幅度和电位器 R_P,用示波器观察输出电压 u_o 的波形,使之幅度最大而且不失真,然后用交流毫伏表测出 u_i 和 u_o 的有效值(U_i 和 U_o),填入表 3-3 中,并用双踪示波器观察相位关系,进行比较。此时测得的输出电压 U_o 即为最大不失真输出电压 U_{op-p}。

表 3-3　实验数据三

给定参数		实　测		实测计算	理论值估算
R_c/Ω	R_L/Ω	U_i/mV	U_o/V	A_u	A_u
2 k	∞				
5.1 k	∞				
2 k	2 k				

(2) 测放大器的输入电阻和输出电阻

置 $R_c = 2\ \text{k}\Omega$,$R_L = 2\ \text{k}\Omega$,在输出电压 u_o 最大且不失真的情况下,用交流毫伏表测出 U_S、U_i 和 U_o 的值,保持 U_S,再把负载 R_L 断开,测出输出电压 U_{oc} 的值,均记录在表 3-4 中。

表 3-4 实验数据四

U_S/mV	U_i/V	R_i/kΩ		U_o/V	U_{oc}/V	R_o/kΩ	
		测量值	理论值			测量值	理论值

(3) 测量幅频特性曲线

置 $R_c = 2\ \text{k}\Omega$,$R_L = 2\ \text{k}\Omega$,保持输入信号 u_i 的幅度不变,改变输入信号的频率 f,用交流毫伏表测出相应的输出电压 U_o,填入表 3-5 中。计算出放大器的下限频率 f_L 和上限频率 f_H,描绘出幅频特性图,根据通频带的计算公式 $BW_{0.7} = f_H - f_L$,求出通频带 $BW_{0.7}$。测量时为了使信号源频率取得合适,可先粗测一下,找出中频范围,然后再仔细读数。

表 3-5 实验数据五

f/kHz				f_o				
U_o/V								
$A_u = \dfrac{U_o}{U_i}$								

五、实验报告

① 列表整理测量结果,并把实测的静态工作点、电压放大倍数、输入电阻和输出电阻的值与理论计算值比较(取一组数据进行比较),分析产生误差的原因。

② 分析讨论在实验过程中出现的问题。

3.2.2 射极输出器(共集电极电路)

一、实验目的

① 掌握共集电极放大电路的特点。
② 掌握放大器静态工作点的测量方法。
③ 掌握电压放大倍数的测量方法。
④ 掌握放大器输入电阻、输出电阻的测量方法。

二、实验仪器与器件

1. 示波器　　2. 毫伏表　　3. 函数信号发生器
4. 万用表　　5. 直流稳压电源

6. S9013（$\beta = 50 \sim 100$）三极管、电阻器、电容器若干

三、实验原理

实验电路如图 3-6 所示。

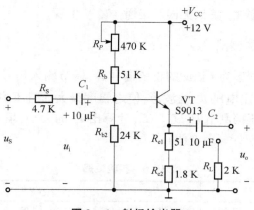

图 3-6 射极输出器

射极输出器实际上是以集电极为公共端的放大器，又是一种反馈很深的电压串联负反馈放大器，具有输入电阻大，输出电阻小，电压放大倍数接近 1（略小于 1），以及输出电压信号与输入电压信号的相位相同的特点。由于射极输出器的输出电压信号能够在较大范围内跟随输入电压信号作线性变化，具有良好的跟随性，故将射极输出器称为电压跟随器。

静态工作点可用下式计算。

$$U_B = \frac{R_{b2}}{R_{b1} + R_{b2}} V_{CC}$$

$$R_{b1} = R_b + R_P$$

$$I_E = \frac{U_B - U_{BE}}{R_e} \approx I_C$$

$$U_{CE} = V_{CC} - I_E R_e$$

电压放大倍数

$$A_u = \frac{U_o}{U_i} = \frac{(1+\beta) R'_L}{r_{be} + (1+\beta) R'_L}$$

其中
$$R'_L = R_e // R_L$$

输入电阻
$$R_i = R_{b1} // R_{b2} // [r_{be} + (1+\beta) R'_L]$$

输出电阻

$$R_o = R_e // \frac{r_{be} + R'_S}{1 + \beta}$$

其中
$$R'_S = R_S // R_{b1} // R_{b2}$$

四、实验内容及方法

1. 电路连接

① 按照图 3-6 连接电路。
② 连接后仔细检查,确认无误后接通 +12 V 电源。

2. 静态工作点的测试

在输入端加入频率为 1 kHz 的正弦信号 u_i,调节输入信号 u_i 的幅度和电位器 R_P,用示波器观察输出电压 u_o 的波形,使之幅度最大而且不失真,然后使 u_i 为 0,用万用表的直流电压挡测出 U_B、U_E、U_C,计算出 I_E 的大小,填入表 3-6 中。同时测出 R_P 的大小(便于计算理论值)。

表 3-6 实验数据六

R_P/Ω	U_B/V		U_E/V		U_C/V		I_E/mA(计算)	
	测量值	理论值	测量值	理论值	测量值	理论值	测量值	理论值

3. 动态性能指标的测试

(1) 电压放大倍数的测量

接入负载电阻 $R_L = 2\ \text{k}\Omega$,用函数信号发生器在输入端加入频率为 1 kHz 的正弦信号 u_i,调节输入信号 u_i 的幅度和电位器 R_P,用示波器观察输出电压 u_o 的波形,使之幅度最大而且不失真,然后用交流毫伏表测出 u_i 和 u_o 的有效值(U_i 和 U_o),记录在表 3-7 中,根据电压放大倍数 A_u 的计算公式,用双踪示波器观察比较输入电压 u_i 波形和输出电压 u_o 波形。

表 3-7 实验数据七

U_i/V	U_o/V	计算 A_u	
		测量值	理论值

(2) 输入电阻 R_i 和输出电阻 R_o 的测量

方法同实验 3.2.1,

$$R_i = \frac{U_i}{I_i} = \frac{U_i}{\frac{U_{Rs}}{R_S}} = \frac{U_i}{U_S - U_i} R_S$$

$$R_o = \left(\frac{U_{oc}}{U_o} - 1\right) R_L$$

测量结果记入表 3-8 中。

表 3-8 实验数据八

U_s/mV	U_i/V	R_i/kΩ		U_o/V	U_{oc}/V	R_o/kΩ	
		测量值	理论值			测量值	理论值

（3）测量跟随特性

接入负载电阻 $R_L = 2\ \text{k}\Omega$，在输入端加入频率为 1 kHz 的正弦信号 u_i，逐渐增大 u_i 的幅度，用示波器观察输出电压 u_o 波形直到最大不失真为止，用毫伏表测量每次改变 u_i 对应的 u_o 的有效值（U_i 和 U_o），记录在表 3-9 中。

表 3-9 实验数据九

U_i/V					
U_o/V					

（4）测量幅频特性

方法同实验 3.2.1，测量结果记入表 3-10 中，画出幅频特性曲线，求出通频带 $BW_{0.7}$。

表 3-10 实验数据十

f/kHz			f_o			
U_o/V						
$A_u = \dfrac{U_o}{U_i}$						

五、实验报告要求

① 整理记录各测量数据，并把实测的静态工作点、电压放大倍数、输入电阻和输出电阻的值与理论计算值比较，分析产生误差的原因。

② 作出基极、发射极交流信号的波形，并说明两者幅度和相位的关系。

3.2.3 两级放大电路

一、实验目的

① 巩固前面学过的放大器主要性能（静态工作点、电压放大倍数、输入/输出电阻）的测试方法。

② 观察两级放大器的级间联系和相互影响。

③ 掌握如何合理设置静态工作点。

④ 学会放大器频率特性的测试方法。

⑤ 了解放大器的失真及消除方法。

二、实验仪器与器件

1. 示波器　　2. 毫伏表　　　　3. 函数信号发生器
4. 万用表　　5. 直流稳压电源
6. S9013($\beta = 50 \sim 100$)晶体管、电阻和电容若干

三、实验原理

实验电路如图 3-7 所示。

本实验是两级共射放大电路,两级之间采用电容耦合方式。电容具有"隔直通交"的作用,因此,各级的直流电路相互独立,每一级的静态工作点互不相关,给分析和应用都带来了方便。但输入信号的频率较低时,级间耦合电容会造成信号的衰减,甚至对变化极缓慢的信号根本无法响应,导致阻容耦合方式在应用上的局限。

分析多级放大器,要考虑各级之间的相互影响,这就需要讨论放大器级与级之间以及放大器与信号源或负载之间的连接问题。

① 放大器的输入电阻和输出电阻在多级放大器中的相互联系。

② 后级的输入电阻是前级的负载电阻。

当信号源把信号加到放大器的输入端时,放大器的输入电阻就相当于信号源的负载。对于多级放大器中任意两级电路,后级的输入电阻构成了前级的负载电阻。

③ 前级的输出电阻就是后级的信号源内阻。

两级阻容耦合放大器静态工作点的测量,可在工作点调整合适的情况下用万用表测量三极管各极对地的直流电压,即 U_{B1}、U_{E1}、U_{C1} 和 U_{B2}、U_{E2}、U_{C2}。

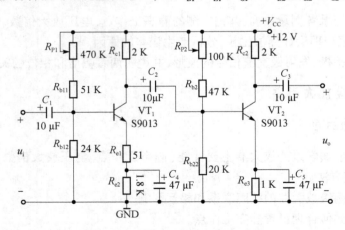

图 3-7　两级放大电路

电压放大倍数

$$A_u = A_{u1} \cdot A_{u2} = \frac{-\beta R_{L1}}{r_{be1} + (1+\beta)R_{e1}} \cdot \frac{-\beta R_L'}{r_{be2}}$$

其中 $R_{L1} = R_{c1} // R_{i2}$

$$A_u = A_{u1} \cdot A_{u2} = \frac{-\beta[R_{c1} // (R_{P2} + R_{b21}) // R_{b22} // r_{be2}]}{r_{be1} + (1+\beta)R_{e1}} \cdot \frac{-\beta R_L'}{r_{be2}}$$

$$R_L' = R_{c2} // R_L$$

输入电阻为第一级的输入电阻

$$R_i = (R_{P1} + R_{b11}) // R_{b12} // [r_{be1} + (1+\beta)R_{e1}]$$

输出电阻为最后一级的输出电阻

$$r_o = R_{c2}$$

多级放大器幅频特性的测量,对于阻容耦合多级放大器,由于存在耦合电容、旁路电容、晶体管极间电容和线间分布电容等,放大器的放大倍数将随信号频率的变化而变化,放大器的级数越多,放大倍数就越大,放大器的通频带就越窄。一般采用逐点法测量,即放大器的输入信号幅度恒定,输出波形不失真,用交流毫伏表或示波器逐个频率测量出对应的输出电压,然后作出放大器放大倍数随频率变化的特性曲线,从而计算出通频带。

四、实验内容及方法

1. 静态工作点的测试

(1) 静态工作点的调整

① 按图 3-7 接线,注意接线尽可能的短。

② 静态工作点的设置:要求在第二级的输出波形不失真的前提下幅值尽可能大,第一级为增加信噪比,静态工作点尽可能低。

③ 在输入端加上 1 kHz 的正弦信号,调整输入信号的幅度和电位器使输出波形不失真。注意:如发现有寄生振荡,可采用以下措施消除:重新布线,尽可能走线短;可在三极管的集电极和基极之间加上几 pF 到几百 pF 的电容;信号源到放大器的连接线采用屏蔽线连接。

④ 按表 3-11 要求测量并计算,注意测静态工作点时应使信号源输出为零。

表 3-11 实验数据十一

R_{P1}	U_{B1}	U_{E1}	U_{C1}	R_{P2}	U_{B2}	U_{C2}	U_{E2}

2. 多级放大器电压放大倍数的测试

在多级放大器的输入端接入 1 kHz 的正弦信号,分别接入 $R_L = \infty$ 和 $R_L = 2$

kΩ，用毫伏表测量输入信号 u_i、第一级输出信号 u_{o1} 和第二级输出信号 u_{o2} 的有效值 U_i、U_{o1}、U_{o2}，记录在表 3-12 中，同时计算出 A_{u1}、A_{u2} 和 A_u。

表 3-12　实验数据十二

负载 R_L	U_i/V	U_{o1}/V	U_{o2}/V	A_{u1}	A_{u2}	计算 A_u
$R_L = \infty$						
$R_L = 2\ \text{k}\Omega$						

3. 测多级放大器的频率特性

① 将放大器的负载断开，先将输入信号频率调到 1 kHz，幅度调到使输出电压幅度最大而且不失真。

② 保持输入信号幅度不变（一般取放大器输出幅度最大不失真时输入信号幅度的 50%），改变频率，按表 3-13 测量并记录。

③ 接上负载，重复上述实验。

表 3-13　实验数据十三

	f/kHz				f_o			
	$R_L = \infty$							
U_o	$R_L = 2\ \text{k}\Omega$							
	$R_L = 5.1\ \text{k}\Omega$							
	$A_u = \dfrac{U_o}{U_i}$							

测量时为了使信号源频率 f 取值合适，可先粗测一下找出中频范围，然后再仔细读数。

五、实验报告

① 整理实验数据，分析实验结果。
② 画出实验电路的频率特性，标出 f_H 和 f_L 及 $BW_{0.7}$。
③ 写出扩展频率范围的方法。

3.2.4　负反馈放大电路

一、实验目的

① 了解负反馈放大器的特点，加深理解负反馈对放大器性能的影响。
② 掌握负反馈放大器性能指标的测试方法。
③ 了解负反馈对非线性失真的改善效果。

二、实验仪器与器件

1. 示波器　　2. 毫伏表　　3. 函数信号发生器
4. 万用表　　5. 直流稳压电源
6. S9013($\beta = 50 \sim 100$)晶体管、电阻和电容若干

三、实验原理

实验电路如图 3 - 8 所示。

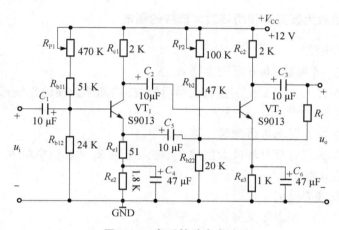

图 3 - 8　负反馈放大电路

　　负反馈放大电路通常就是单级放大器(或多级放大器)加上负反馈组成。所谓反馈,就是将放大器的输出信号(电压或电流)的一部分或全部通过一定的网络送回到放大器的输入端,从而与输入信号进行比较,使净输入信号增加(增强输入信号)的反馈称为正反馈,使净输入信号减少(削弱输入信号)的反馈称为负反馈。正反馈可以产生或变换波形,负反馈可以稳定静态工作点,放大器的放大倍数要降低,但可以改善放大器的性能指标,如提高放大电路的稳定性,展宽通频带,减少非线性失真,改变输入电阻和输出电阻等。具体表现为以下几点。

① 引入负反馈,降低了放大器的放大倍数,即

$$A_f = \frac{A}{1 + AF}$$

式中,A_f 为闭环放大倍数;A 为开环放大倍数。

② 引入负反馈可以展宽放大器的通频带。

在放大器电路中,当管子选定后,增益与通频带的乘积为一常数,因此通频带展宽了($1 + AF$)倍。

③ 负反馈放大器可以提高放大倍数的稳定性,即

$$\frac{dA_f}{A_f} = \frac{1}{1 + AF} \cdot \frac{dA}{A}$$

④ 负反馈放大器对输入电阻和输出电阻的影响。

输入电阻(输出电阻)变化与反馈网络在输入端(输出端)的连接方式有关。串联负反馈可以使输入电阻比无反馈时提高 $1+AF$ 倍,并联负反馈则使输入电阻比无反馈时减少 $1+AF$ 倍;电压负反馈使输出电阻比无反馈时减少 $1+AF$ 倍,电流负反馈则使输出电阻比无反馈时增大 $1+AF$ 倍。

⑤ 引入负反馈可以减少非线性失真(不能消除失真),抑制干扰和噪声等。

四、实验内容和方法

1. 负反馈放大器开环和闭环放大倍数的测试

(1) 开环电路

① 按图 3-8 接线,断开反馈支路 C_5、R_f。

② 输入端接入 $f=1\text{ kHz}$ 的正弦信号,调整接线和参数使输出波形最大不失真且无振荡。

③ 按表 3-14 要求进行测量并填入表中。

④ 根据实测值计算开环放大倍数 A_u,输入电阻 R_i 和输出电阻 R_o。

(2) 闭环电路

① 接入反馈支路 C_5、R_f。

② 按表 3-14 要求测量并填入表中。

③ 根据实测值计算闭环放大倍数 A_{uf},输入电阻 R_{if} 和输出电阻 R_{of}。

④ 根据实测结果,验证 $A_{uf} \approx \dfrac{1}{F}$。

表 3-14 实验数据十四

	$R_L/\text{k}\Omega$	U_i/mV	U_o/V	$A_u(A_{uf})$
开环	∞			
	2			
闭环	∞			
	2			

2. 验证电压串联负反馈对输出电压的稳定性

改变负载电阻 R_L 的值,测量负反馈放大器的输出电压以验证负反馈对输出电压的稳定性。根据表 3-15 要求测量并填入表中。

表 3-15 实验数据十五

	基本放大器		负反馈放大器	
$R_L/\text{k}\Omega$	2	5.1	2	5.1
U_o/V				

3. 负反馈对失真的改善作用

① 将图 3-8 电路开环,逐步增大 u_i 的幅度,使输出信号失真(注意不要过分失真),记录失真波形幅度。

② 将电路闭环,观察输出波形,并适当增大 u_i 的幅度,使输出幅度接近开环时失真波形幅度。

③ 若 $R_L = 2\text{ k}\Omega$ 不变,把反馈支路 C_5、R_f 接入 VT_1 的基极,会出现什么情况?实验验证之。

④ 画出上述各步实验的波形图。

4. 测放大器的频率特性

① 将图 3-8 电路先开环,选择适当的幅度(频率为 1 kHz)使输出信号在示波器上有满幅正弦波显示。

② 保持输入信号幅度不变逐渐增加频率,直到波形减少为上面波形的 70%,此时信号频率即为放大的上限频率 f_H。

③ 条件同上,但逐渐减少频率,测得下限频率 f_L。

④ 将电路闭环,重复①~③步骤,并将结果填入表 3-16 中。

⑤ 根据测试结果比较开环和闭环的通频带。

表 3-16 实验数据十六

	f_H/Hz	f_L/Hz	$BW_{0.7}$/Hz
开环			
闭环			

五、实验报告

① 将实验值与理论值比较,分析误差原因。

② 根据实验内容总结负反馈对放大电路的影响。

3.2.5 差动放大电路

一、实验目的

① 熟悉差动放大器的工作原理。

② 加深对差动放大电路性能及特点的理解。

③ 掌握差动放大器的基本测试方法。

二、实验仪器与器件

1. 示波器　　2. 毫伏表　　3. 函数信号发生器

4. 万用表　　5. 直流稳压电源
6. S9013($\beta = 50 \sim 100$)晶体管、电阻和电容若干

三、实验原理

实验电路如图 3 – 9 所示。

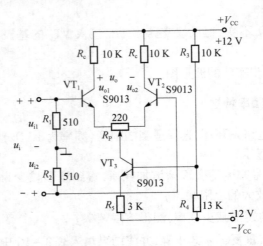

图 3 – 9　差动放大电路

简单的差动放大电路是利用电路对称性抑制零点漂移的,当电路中三极管对称性不好或器件参数的对称性不好时,电路的抑制能力减弱。为此采用如图 3 – 9 所示的差动放大电路。

1. 差模电压放大倍数

双端输入双端输出时,有

$$A_{ud} = -\frac{\beta R_c}{r_{be1} + \frac{(1+\beta)R_P}{2}}$$

$$r_{be1} = 300 + (1+\beta)\frac{26 \text{ mV}}{I_E(\text{mA})}$$

双端输入单端输出时,有

$$A_{ud} = -\frac{\beta R_c}{2\left[r_{be1} + \frac{(1+\beta)R_P}{2}\right]}$$

2. 共模电压放大倍数 A_{uc}

双端输入双端输出时,在理想情况下,$A_{uc} = 0$。

双端输入单端输出时,$A_{uc} \approx \dfrac{-R_c}{2R_e}$

3. 共模抑制比 K_{CMRR}

双端输入双端输出时,在理想情况下,$K_{CMRR} \to \infty$。

双端输入单端输出时 $K_{CMRR} \approx \dfrac{\beta R_e}{r_{be1} + \dfrac{(1+\beta)R_P}{2}}$

四、实验内容及方法

1. 测量静态工作点

(1) 调零

将输入端短接并接地,接通直流电源 ±12 V,调节电位器 R_P 使双端输出电压 $U_o = 0$。

(2) 测量静态工作点

测量 VT_1、VT_2、VT_3 各极对地电压并填入表 3-17 中。

表 3-17　实验数据十七

对地电压	U_{C1}	U_{C2}	U_{C3}	U_{B1}	U_{B2}	U_{B3}	U_{E1}	U_{E2}	U_{E3}
测量值/V									

2. 测量差模电压放大倍数 A_{ud}

差动放大器的输入信号可采用直流信号也可采用交流信号。不过双端差分输入时必须要差模信号,或者是独立信号源接成差模输入。

本实验采用的是直流信号源,将直流信号源输出 $U_{i1} = +0.1$ V,$U_{i2} = -0.1$ V 接入,按表 3-18 要求测量并记录,由测量数据算出单端、双端输出的电压放大倍数。注意先调好直流信号源 OUT1 和 OUT2 值,使其分别为 +0.1 V 和 -0.1 V,再接入 u_{i1} 和 u_{i2}。

表 3-18　实验数据十八

测量及计算	差模输入						共模输入						共模抑制比
	测量值			计算值			测量值			计算值			计算值
输入信号 U_i/V	U_{o1}	U_{o2}	U_o(双)	A_{ud1}	A_{ud2}	A_{ud}(双)	U_{o1}	U_{o2}	U_o(双)	A_{uc1}	A_{uc2}	A_{uc}	K_{CMRR}
+0.1													
-0.1													

3. 测量共模电压放大倍数 A_{uc}

将输入端 u_{i1}、u_{i2} 短接,接同极性直流信号 OUT1 或 OUT2,分别测量并填入表 3-18 中。由测量数据算出单端、双端输出的电压放大倍数,进一步算出共模抑制比 K_{CMRR}。

4. 在实验板上组成单端输入的基本放大电路进行下列实验

① 在图 3-9 中将 u_{i2} 接地,组成单端输入差动放大器,从 u_{i1} 端输入直流信号 +0.1 V、-0.1 V,测量单端及双端输出,填表 3-19 记录电压值。计算单端输入时的单端输出、双端输出的电压放大倍数,并与双端输入时的单端输出、双端差模电压放大倍数进行比较。

表 3-19 实验数据十九

输入信号值 (u_{i1})	输出电压值			放大倍数	
	U_{o1}	U_{o2}	U_o(双)	A_{ud1}	A_{ud}(双)
直流 +0.1 V					
直流 -0.1 V					
正弦信号(50 mV、1 kHz)					

② 从 u_{i1} 端接入正弦交流信号,分别测量并记录单端、双端输出电压,填入表 3-19 中,计算单端、双端差模电压放大倍数(注意:输入交流信号时,用示波器监测波形,若有失真现象时,可减小输入电压值,使不失真为止)。

五、实验报告

① 根据实测数据计算图 3-9 电路的静态工作点。
② 整理实验数据,计算各种接法的共模电压放大倍数 A_{uc},并与理论计算值相比较。
③ 总结差动放大器的性能和特点。

3.2.6 集成运算放大器的线性应用

一、实验目的

① 研究由集成运算放大器组成的比例、加法、减法和积分等基本运算电路的功能。
② 了解运算放大器在实际应用时应考虑的一些问题。

二、实验仪器与器件

1. 示波器   2. 毫伏表   3. 函数信号发生器

4. 万用表　　5. 直流稳压电源　　6. uA741、电位器、电阻和电容若干

三、实验原理

集成运算放大器是一种具有高电压放大倍数、高输入阻抗、低输出阻抗的直接耦合多级放大电路。当外部接入不同的线性或非线性元器件组成输入和负反馈时，可以灵活地实现各种特定的函数关系。在线性应用方面，可以组成比例、加法、减法、微积分和对数等模拟运算电路。

集成运算放大器的类型很多，电路也不尽一致，但在电路结构上有着共同之处，现对国际通用的 uA741 集成运放作为代表型号予以说明，因为这种运放在电路形式和参数方面与目前国内比较通用的 F007 基本相同。uA741 集成运放是一种具有高开环增益、高输入电压范围、具有内部频率补偿、高共模抑制比、有短路保护、不会出现阻塞且便于失调电压调零等特点的高性能的集成运放。uA741 集成运放管脚功能及管脚排列如图 3 – 10 所示。

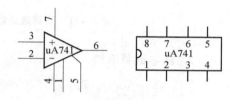

图 3 – 10　uA741 的逻辑符号和引脚排列

1. 理想运算放大器的特性

在大多数情况下，将运放视为理想运放。就是将运放的各项技术指标理想化。满足下列条件的运算放大器称为理想运放。

开环电压放大倍数　　$A_{uo} \to \infty$
输入电阻　　　　　　$R_{id} \to \infty$
输出电阻　　　　　　$R_o \to 0$
带宽　　　　　　　　$BW_{0.7} \to \infty$

失调和漂移均为零。

理想运放在线性应用时有两个重要特征。

① 输出电压 U_o 与输入电压之间满足的关系为

$$U_o = A_{uo}(U_+ - U_-)$$

由于 $A_{uo} \to \infty$，而 U_o 为有限值，因此 $U_+ - U_- \approx 0$，即 $U_+ = U_-$，称为"虚短"。

② 由于 $R_{id} \to \infty$，故流进运放两输入端的电流可视为零，即 $I_+ = I_- \approx 0$，称为"虚断"。这说明运放对其前级吸取的电流较小。

上述两个特性是分析理想运放应用电路的基本原则，可简化运放电路的计算。

在运算前，应首先对运算放大器进行调零，即保证输入为零时输出也为零。

按图 3 – 11 接线，1 脚、5 脚之间接入一只 10 kΩ 的电位器 R_P，并将滑动触头接到负电源端。调零时，将输入端接地 ($U_i = 0$)，用直流电压表测量输出电压 U_o，调节 R_P，使 $U_o = 0$。以下操作中，R_P 应保持不变。

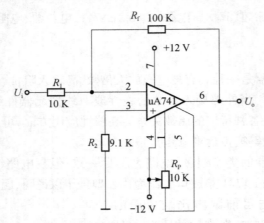

图 3-11 运算放大电路的调零电路及反相比例电路

2. 基本运算电路

(1) 反相比例运算电路

电路如图 3-11 所示。对于理想运放,该电路的输出电压与输入电压之间的关系为 $U_o = -\dfrac{R_f}{R_1}U_i$,为了减小输入级偏置电流引起的运算误差,在同相端应接入平衡电阻。

$$R_2 = R_1 \mathbin{/\mkern-5mu/} R_f$$

若 $R_1 = R_f$,则为倒相器,即 $U_o = -U_i$。

(2) 同相比例运算电路

电路如图 3-12 所示,它的输出电压与输入电压之间的关系为

$$U_o = \left(1 + \dfrac{R_f}{R_1}\right)U_i \quad R_2 = R_1 \mathbin{/\mkern-5mu/} R_f$$

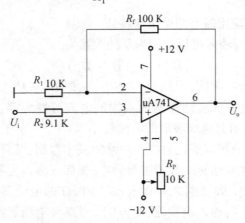

图 3-12 同相比例运算电路

若不接 R_1，即得到如图 3-13 所示的电压跟随器。图中 $R_2 = R_f$ 有减小漂移和保护的作用。一般 $R_f = 10\ \text{k}\Omega$，R_f 太小起不到保护作用；R_f 太大则影响跟随特性。

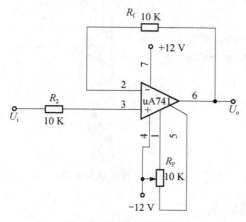

图 3-13 电压跟随器

(3) 反相加法运算电路

反相加法运算电路如图 3-14 所示，输出电压与输入电压之间的关系为

$$U_o = -\left(\frac{R_f}{R_1}U_{i1} + \frac{R_f}{R_2}U_{i2}\right)$$

若 $R_1 = R_2 = R_f$，则

$$U_o = -(U_{i1} + U_{i2})$$

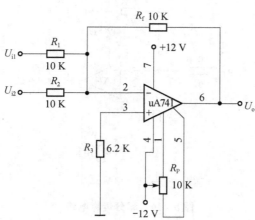

图 3-14 反相加法运算电路

(4) 差动放大运算电路（减法器）

差动放大运算电路如图 3-15 所示，有如下关系式。

$$U_o = \frac{R_f}{R_1}(U_{i2} - U_{i1})$$

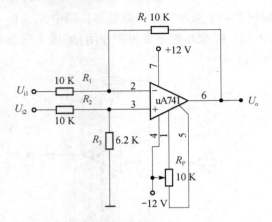

图 3 – 15　差动放大电路

(5) 积分运算电路

反相积分电路如图 3 – 16 所示。在理想条件下，如果 $u_i(t)$ 是幅值为 E 的阶跃电压，并设 $u_c(0)=0$，[$u_c(0)$ 是 $t=0$ 时刻电容 C 两端的电压值，即初始值]。则

$$u_o(t) = -\frac{1}{R_1 C}\int_0^t E\mathrm{d}t = -\frac{E}{R_1 C}t$$

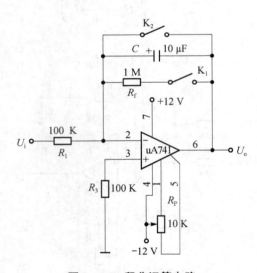

图 3 – 16　积分运算电路

即输出电压 $u_o(t)$ 随时间增长而线性下降。显然 RC 的数值越大，达到给定的值所需的时间就越长。积分输出电压 u_o 所能达到的最大值受集成运放最大输出范围的限制。

在进行积分运算之前，首先应对运放调零。但为了便于调节，将 K_1 闭合，通过电阻 R_f 的负反馈作用实现调零。但在完成调零后，应将 K_1 打开，以免因 R_f 的接

入造成积分误差。K_2 的设置一方面为积分电容放电提高通路,同时可实现积分电容初始电压;另一方面,可控制积分起始点,即在加入信号 u_i 后,只要 K_2 一打开,电容就被充电,电路也就开始进行积分运算。

四、实验内容及方法

实验前要看清运放组件各引脚的位置,切忌正、负电源极性接反和输出短路,否则将会损坏集成块。

1. 反相比例运算电路

① 按图 3 – 11 连接实验电路,接通 ± 12 V 电源,输入端 U_i 对地短路,即进行调零和消振。

② 输入频率 f = 100 Hz, U_i = 0.5 V 的正弦信号,测量相应的 U_o,并用示波器观察 U_i 和 U_o 的相位关系,将数据记入表 3 – 20 中。

表 3 – 20　实验数据二十

U_i/V	U_o/V	A_u	
		实测值	计算值

2. 同相比例运算电路

① 按图 3 – 12 连接实验电路,接通 ± 12 V 电源,输入端 U_i 对地短路,即进行调零和消振。

② 输入频率 f = 100 Hz, U_i = 0.5 V 的正弦信号,测量相应的 U_o,并用示波器观察 U_i 和 U_o 的相位关系,将数据记入表 3 – 21 中。

③ 将图 3 – 12 中的 R_1 断开,得到电路如图 3 – 13,重复步骤②。

表 3 – 21　实验数据二十一

U_i/V	U_o/V	A_u	
		实测值	计算值

3. 反相加法运算电路

按图 3 – 14 连接实验电路,接通电源 ± 12 V,将输入端 U_{i1}、U_{i2} 短路,即进行调零和消振。输入信号采用直流信号,图 3 – 17 所示为简易的直流信号源,由实验者自行完成。

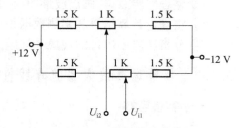

图 3 – 17　简易直流信号源

实验时注意选择合适的直流信号幅度以确保集成运放在线性区。用直流电压表测量输入电压 U_{i1}、U_{i2} 和输出电压 U_o，并记入表 3-22 中。

表 3-22　实验数据二十二

U_{i1}/V						
U_{i2}/V						
U_o/V						

4. 减法运算电路

按图 3-15 连接实验电路，接通电源 ±12 V，将输入端 U_{i1}、U_{i2} 短路，即进行调零和消振。输入信号采用直流信号（采用图 3-1）的简易直流信号源，将测量结果记入表 3-23 中。

表 3-23　实验数据二十三

U_{i1}/V						
U_{i2}/V						
U_o/V						

5. 积分运算电路

实验电路如图 3-16 所示。打开 K_2，闭合 K_1，对运放输出信号 u_o 进行调零。调零完成后，再打开 K_1，闭合 K_2，使 $u_c(0)=0$。预先调好直流输入电压 $U_i = 0.5$ V，接入实验电路，再打开 K_2，然后用直流电压表测出输出电压 U_o，每隔 5 s 读一次 U_o，将测试结果记入表 3-24 中，直到 U_o 不继续明显增大为止。

表 3-24　实验数据二十四

t/s						
U_o/V						

五、实验总结

① 集成运算放大器在使用过程中应注意的主要问题是什么？
② 整理实验数据，画出波形图（注意波形之间的相位关系）。
③ 将理论计算结果和实测数据相比较，分析产生误差的原因。
④ 分析实验中出现的现象和问题。

3.2.7　集成运算放大器的非线性应用——电压比较器

一、实验目的

① 了解集成运算放大器的电路构成、特点及在电压比较方面的应用，进而了

解比较电路在实际工作中的应用。

② 通过对理想运算放大器特性的认识,了解电压比较器的含义。

二、实验仪器与器件

1. 示波器　　2. 毫伏表　　　　3. 函数信号发生器
4. 万用表　　5. 直流稳压电源　6. 稳压管 2CW231
7. uA741、电位器、电阻和电容若干

三、实验原理

电压比较器是集成运放的非线性应用,它将一个模拟电压信号和一个参考电压相比较,在两者幅度相等的附近,输出电压将产生跃变,相应的输出高电平或低电平。比较器可以组成非正弦波形产生和变换电路以及应用于模拟与数字信号转换等领域。

图 3 - 18 所示为一简单的电压比较器,U_{REF} 为参考电压,加在运放的同相输入端,输入电压 u_i 加在反相输入端,图 3 - 18(b)为比较器的传输特性。

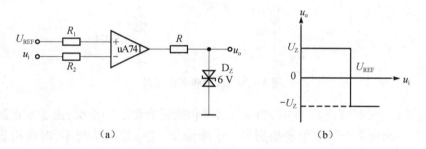

图 3 - 18　电压比较器
(a) 原理图;(b) 电压传输特性曲线

当 $u_i < U_{REF}$ 时,运放输出高电平,稳压管 D_Z 反相稳压工作。输出端电位被钳位在稳压管的稳定电压 U_Z,即 $u_o = U_Z$。

当 $u_i > U_{REF}$ 时,运放输出低电平,D_Z 正向导通,输出电压等于稳压管的正向压降 $-U_Z$,即 $u_o = -U_Z$。

因此,以 U_{REF} 为界,当输入电压 u_i 变化时,输出端口反映出两种状态,即高电位和低电位。

常用的电压比较器有过零比较器和具有滞回特性的比较器。

1. 过零比较器

图 3 - 19 所示为加限幅电路的过零比较器,D_Z 为限幅稳压管。信号 u_i 从运放的反相输入端输入,参考电压为零;从同相端输入,当 $u_i > 0$ 时,输出 $u_o = +U_Z$;当

$u_i < 0$ 时,输出 $u_o = -U_Z$。

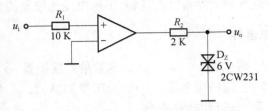

图 3-19 过零比较器

过零比较器结构简单,灵敏度高,但抗干扰能力差。

2. 滞回比较器

图 3-20 所示为具有滞回特性的反相比较器。

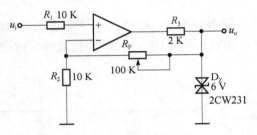

图 3-20 反相滞回比较器

过零比较器在实际工作时,如果在过零值附近有微小的干扰,由于零点漂移的存在,将不断由一个极限值转换到另一个极限值,这在控制系统中,对执行机构是很不利的。为了克服这一缺点,常常在比较器的输出端口引一个电阻分压,通过正反馈到同相输入端,若改变状态,同相输入端也随着改变电位,使过零点离开原来的位置。当 u_o 为正的阀值电压(记作 U_+)时 $U_T = \dfrac{R_2}{R_2 + R_P} U_+$,则当 $u_i > U_T$ 后,即 u_o 由正跳变为负,此时 U_+ 变为 $-U_T$,故只有当 u_i 下降到 $-U_T$ 以下,才能使 u_o 再度回升到 U_+。U_T 与 $-U_T$ 的差称为回差电压。改变 R_2 的数值可以改变回差的大小。回差电压越大,比较器的抗干扰的能力越强。

三、实验内容及方法

1. 过零比较器

实验电路如图 3-19 所示。
① 接通 ±12 V 电源。
② 按图 3-19 接线,当 u_i 悬空时测 u_o 电压值。

③ 输入 500 Hz、幅度为 1 V 的正弦信号,观察 u_i 和 u_o 波形并记录。

④ 改变 u_i 幅度,测量传输特性曲线。

2. 反相滞回比较器

① 按图 3-20 连接电路,将 R_P 调为最大 100 kΩ,u_i 接 DC 电压源,测出 u_o 由 $U_{omax} \to -U_{omax}$ 时的 u_i 临界值。

② 测出 u_o 由 $-U_{omax} \to U_{omax}$ 时 u_i 的临界值。

③ 接 500 Hz、幅度为 2 V 的正弦信号,观察 u_i 和 u_o 波形并记录。

④ 将分压支路 100 kΩ 电阻改为 200 kΩ,重复上述实验,测量传输特性。

3. 同相滞回比较器

实验电路如图 3-21 所示。

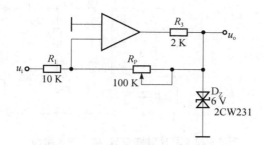

图 3-21 同相滞回比较器

① 参照"反相滞回比较器",自拟实验步骤及方法。

② 将结果与"反相滞回比较器"进行比较。

五、实验报告

① 整理实验数据,绘制出各类比较器的传输特性曲线。

② 总结几种比较器的特点,阐明它们的应用。

3.2.8 互补对称 OTL 功率放大电路

一、实验目的

① 熟悉 OTL 功放的工作原理,学会静态工作点的调整和基本参数的测试方法。

② 通过实验,观察自举电路对改善放大器性能的影响。

二、实验仪器与器件

1. 示波器 2. 毫伏表 3. 函数信号发生器

4. 万用表　5. 直流稳压电源　6. 二极管 IN4148
7. S9013（$\beta = 50 \sim 100$）、3DG12、3CG12 晶体管、电阻和电容若干

三、实验原理

实验原理图如图 3-22 所示。

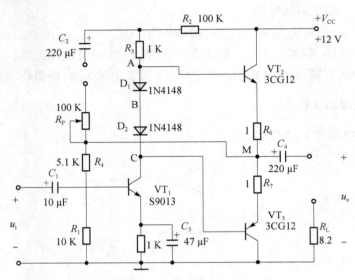

图 3-22　互补对称 OTL 功率放大电路

其中晶体管 VT_1 组成推动级（也称前置放大级），VT_2、VT_3 是一对参数对称的 NPN 和 PNP 型晶体管，它们组成互补对称推挽 OTL 功率放大器电路。由于每一个晶体管都接成射极输出器形式，因此具有输出电阻低，负载能力强等优点，适合作功率输出级。VT_1 管工作于甲类状态，它的集电极电流 I_{c1} 由电位器 R_P 进行调节，D_1、D_2 保证 VT_2、VT_3 静态时处于甲乙类工作状态，克服电路产生交越失真，同时还能起到温度补偿作用。R_2、C_2 组成自举电路，增大 VT_2 输出信号的动态范围，提高放大器的不失真功率。静态时要求输出端中点 M 的电位 $U_M = \frac{1}{2} V_{CC}$，可以通过调节 R_P 来实现，又由于 R_P 的一端接在 M 点，因此在电路中引入交、直流电压并联负反馈，一方面能够稳定放大电路的静态工作点，同时也改善了非线性失真。C_4 是输出耦合电容，它又充当 VT_3 回路的电源。R_3、D_1、D_2 是 VT_1 的集电极负载电阻。R_5 是 VT_1 射极电阻，稳定静态工作点。C_3 是 R_5 的交流旁路电容。R_6、R_7 是射极负反馈电阻，稳定静态工作点。

当输入正弦交流信号 u_i 时，经 VT_1 放大、倒相后同时作用于 VT_2、VT_3 的基极，在 u_i 的负半周时，信号经 VT_1 反相放大后使 VT_2 导通，VT_3 截止，VT_2 的集电极电流对电容 C_2 充电，并使负载获得经放大的交流信号；当输入信号 u_i 的正半周时，

经 VT_1 反相放大后使 VT_3 导通 VT_2 截止,电源 V_{CC} 不能向 VT_3 供电,这时电容 C_2 充当电源角色,向 VT_3 提供电源,对负载放电,使负载获得另一半波形的交流输出信号。

1. 最大不失真输出功率 P_{omax}

在理想情况下,在实验中可通过测量输出端的电压(最大不失真)有效值 U_o,求得实际的 $P_{omax} = \dfrac{U_o^2}{R_L}$。

2. 输入功率 P_D

$$P_D = V_{CC} * I_{co}$$

式中,I_{co} 为电源供给的平均电流。

3. 效率 η

$$\eta_{max} = \dfrac{P_{omax}}{P_o}$$

四、实验内容及方法

① 电路板上将图 3 – 22 接成无自举功放,电容 C_2 不接,电源接 + 12 V。

② 调节静态工作点,即调节 R_P 使 $U_M = \dfrac{1}{2} V_{CC}$。

③ 输入频率为 1 kHz 的正弦交流信号 u_i,输出端接负载和示波器。逐渐增大 u_i 的幅度,用示波器观察输出最大不失真波形。用毫伏表测出输出电压 u_o 的有效值 U_o,则最大不失真输出功率 $P_{omax} = \dfrac{U_o^2}{R_L}$。

④ 电源供给功率 P_D
测出电源供给的平均电流 I_{co} 和电源电压 V_{CC},从而得到 $P_D = V_{CC} * I_{co}$。

⑤ 计算效率 η_{max}

$$\eta_{max} = \dfrac{P_{omax}}{P_D}$$

⑥ 接自举电路,电容 C_2 接入,测试方法同上,将上面的测试结果记入表 3 – 25 中。

表 3 – 25 实验数据二十五

	测量值			计算值	
	V_{CC}/V	I_{co}/mA	U_{om}/V	P_{omax}/W	η
不加自举					
加自举					

⑦ 短路 D_1 或 D_2,或 D_1、D_2 同时短接,用示波器观察输出波形情况(交越失真)。

五、实验报告

① 整理测试数据,计算结果。
② 观察记录交越失真波形。
③ 分析自举电路的作用。

3.2.9 集成的功率放大电路

一、实验目的

① 熟悉集成功率放大器的工作原理和特点。
② 掌握集成功率放大器的主要性能指标及测量方法。

二、实验仪器与器件

1. 示波器   2. 毫伏表   3. 函数信号发生器
4. 万用表   5. 直流稳压电源   6. 集成功放 LM386
7. S9013($\beta=50\sim100$)、电阻和电容若干

三、实验原理

实验电路由 LM386 与外围元件组成,该芯片是目前市场上使用较多的元件,有放大倍数可以调节及外围电路少、电源范围宽、静态功耗小等特点。LM386 是单电源低电压供电的互补对称集成功率放大电路,该电路内部包括由 VT_1 构成的射极输出级、VT_2、VT_3 构成的差动放大电路,VT_5、VT_6 构成的镜像电流源(VT_3 构成有源负载)以及由 VT_8、VT_9、VT_{10} 组成的互补对称电路构成的输出级。为了使电路工作在甲乙类放大状态,利用 D_1、D_2 提供偏置电压。该电路静态工作电流很小,$4\sim8$ mA。输入电阻较高约 50 kΩ,故可以获得很高的电压增益,由于 VT_1、VT_2 采用截止频率较低的横向 PNP 管,几十 Hz 以下的低频噪声很小。该电路内部原理图如图 3-23 所示。

LM386 的 8 脚为增益设定端,电路增益可通过改变 1、8 脚元件参数实现。当 1、8 脚断开时 $A_u=20$;接入 10 μF 电容时 $A_u=200$;若接入 $R_1=1.2$ kΩ、$C_1=10$ μF 的串联电路,则 $A_u=50$;C_2 为防自激电容,C_4 为电源退耦电容。R_2、C_3 组成容性负载,抵消扬声器部分的感性负载,防止信号突变时扬声器上呈现较高的瞬时高压而遭到损坏。

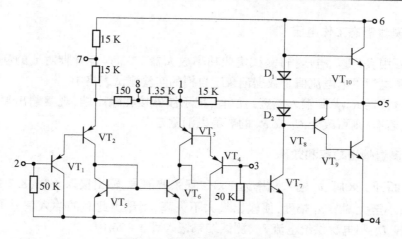

图 3-23　LM386 的内部原理图

实际测量时,可通过测量最大不失真的输出电压 U_o 和电源供给电流 I_{co},即可求最大不失真输出功率 P_{omax},直流电源供给功率 P_D 和效率 η_{max}。

$$P_{omax} = \frac{U_o^2}{R_L}$$

$$P_D = V_{CC} * I_{co}$$

$$\eta_{max} = \frac{P_{omax}}{P_D}$$

四、实验内容及方法

按图 3-24 所示连接电路,接通电源 +9 V。

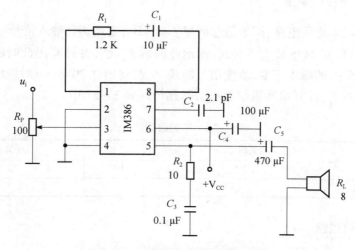

图 3-24　集成功率放大器原理图

1. 测试静态工作电压

用万用表(直流电压挡)测试集成功率放大器 LM386 各管脚对地的静态直流电压值和电源供电电流值。数据记录于自拟的实验测试表格中。

将电位器 R_P 调到输入端短路位置,把示波器接在输出端,观察输出端有无自激现象,若有,则可改变 C_3 或 R_2 的数值以消除自激。

2. 测量输出功率和效率

① 断开 1、8 脚,u_i 输入频率为 1 kHz 正弦波信号,输出接入负载(8.2 Ω)和示波器,由小至大调节 u_i 幅度,使输出最大不失真,测量出此时的输入信号电压 U_i、输出电压 U_o 和电源供给电流 I_{co},测试结果记入表 3 – 26 中。

表 3 – 26 实验数据二十六

	U_i/V	U_o/V	I_{co}/mA	P_{omax}	P_D	η_{max}
1、8 脚断开						
1、8 脚接入 C_1 = 10 μF 电容						
1、8 脚接入 R_1 = 1.2 kΩ、C_1 = 10 μF						

② 1、8 脚接入 C_1 = 10 μF 电容,重复①的测试内容,测试结果记入表 3 – 26 中。

③ 1、8 脚接入 R_1 = 1.2 kΩ、C_1 = 10 μF 电容,重复①的测试内容,测试结果记入表 3 – 26 中。

3. 频率特性的测量

按图 3 – 24 所示电路,调节信号频率 f = 1 kHz,适当调整输入信号电压 u_i 的幅度,使输出信号 u_o 波形最大不失真,测出此时的 U_i、U_o,并计算出此时的电压放大倍数 A_u;保持 u_i 的幅度不变,改变信号源频率,测量出 0.707A_u 时对应的上限频率 f_H 和下限频率 f_L,计算出通频带 $BW_{0.7}$,数据记入表 3 – 27 中。

表 3 – 27 实验数据二十七

测量值				计算值	
U_i/V	U_o/V	f_L/Hz	f_H/Hz	A_u	$BW_{0.7}$

五、实验报告

整理实验数据,分析实验结果,说明产生误差的原因。

3.2.10 RC 正弦波振荡器

一、实验目的

① 加深理解 RC 串并联正弦波振荡器的组成和工作原理。
② 验证 RC 振荡器的幅值平衡条件。
③ 掌握振荡电路的调整和测试频率的方法。

二、实验仪器与器件

1. 示波器　　2. 毫伏表　　　　　3. 函数信号发生器
4. 万用表　　5. 直流稳压电源　　6. S9013（$\beta = 50 \sim 100$）电阻和电容若干

三、实验原理

RC 正弦波振荡器包括 RC 串并联振荡器、移向式振荡器。

1. 振荡条件和电路的工作原理

RC 正弦波振荡器产生正弦波的起振条件如下。
相位条件：$\varphi_A + \varphi_F = 2n\pi(n = 0,1,2,3\cdots\cdots)$
幅值条件：$|AF| \geqslant 1$
图 3-25 中 RC 串并联为选频网络，图中 $R_1 = R_2 = R, C_1 = C_2 = C$。
由 RC 串并联网络的频率特性可知，当 $f = f_0 = \dfrac{1}{2\pi RC}$ 时，该网络 $\varphi_F = 0°$，$|F| = 1/3$，因此，只需要一个同相放大器与选频网络配合，且同相放大器的电压放大倍数 $A_{uf} \geqslant 3$，这样所组成的电路即可满足起振的幅值和相位条件而产生正弦振荡。

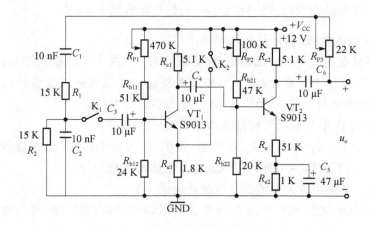

图 3-25　RC 正弦波振荡器

图 3-25 为分立元件组成的 RC 串并联振荡电路,它具有振荡频率和输出信号幅度稳定性高、波形失真小、频率调节方便等优点。

VT_1、VT_2 组成两级阻容耦合放大器,用以将正反馈信号放大,在电路输出和输入之间接有正反馈网络兼选频网络,使整个电路振荡在一个固有频率上。电路中引入电压串联负反馈 R_{P3}、R_{e1},不仅可以降低放大器的放大倍数,提高放大器的稳定性,还能提高电路的输入电阻,降低输出电阻,并起稳幅的作用。

2. 频率的测量方法

测量频率常用的方法有两种:频率计测量法和示波器测量法。

(1) 频率计测量法

直接将振荡器的输出连接到频率计的输入端,从频率计的读数便知所测频率的大小。

(2) 示波器测量法

利用测量时间的方法在示波器上读出被测信号的周期 T,再取倒数,便得频率 $f = \frac{1}{T}$。

四、实验内容及方法

调整稳压电源,使其输出为 +12 V,连接到图 3-25 中。

① 接通 K_1、K_2,调整 R_{P1}、R_{P2},使电路产生不失真的稳幅的正弦波振荡波形,测量出输出电压 u_o 的幅值。

② 测量振荡频率 f。

用数字频率计测量振荡信号的频率。

用示波器直接测量振荡信号的周期 T,然后换成频率 $f = \frac{1}{T}$。

③ 测量放大倍数,验证起振的幅值条件。

使振荡器保持幅值稳定的振荡,然后断开 K_1,由放大器的输入端加正弦信号,信号的频率与振荡器的频率相同,并使放大器输出电压幅值与振荡器输出电压幅值相等,测量出此时对应 u_i 的值,计算出放大器的放大倍数。

④ 观察电压串联负反馈对振荡器输出波形的影响。

接通开关 K_1、K_2,分别使 R_{P1} 在最小、正中、最大 3 个位置上,观察负反馈深度对振荡的输出波形的影响,并同时观察记录波形的变化情况。

断开 K_2,观察输出波形的变化情况并记录下来。

⑤ 改变几组选频网络中的 R 或 C 值,测试相应的振荡频率,并与理论计算值比较。

⑥ RC 串并联选频网络幅频特性的观察(选做)。

将 RC 串并联网络与放大器断开,由函数信号发生器输入有效值约 3 V 的正弦信号,并用双踪示波器同时观察 RC 串并联网络的输入、输出波形,保持输入幅度不变,从低到高改变输入信号频率。当信号源达到某一频率时,RC 串并联网络输出达到最大值,且输入、输出同相位,此时的信号源频率为 $f=f_0=\dfrac{1}{2\pi RC}$。

五、实验报告

① 整理实验数据,画出振荡器输出波形。
② 改变串并联网络参数用示波器观察输出波形幅度及频率,并记录。
③ 连接成不平衡的串并联网络,输出波形是什么样?

3.2.11 整流滤波稳压电路

一、实验目的

① 熟悉整流、滤波和稳压电路的工作原理。
② 掌握主要性能指标的调整和测试方法。

二、实验仪器与器件

1. 示波器　　2. 毫伏表　　　　3. 函数信号发生器
4. 万用表　　5. 直流稳压电源
6. IN4007、S9013（$\beta=50\sim100$）、D880 电阻和电容若干

三、实验原理

直流稳压电源由电源变压器、整流、滤波和稳压电路 4 部分组成,其组成如图 3-26 所示。电网供给的交流电压 u_1(220 V,50 Hz)经电源变压器变压后,得到符合电路需要的交流电压 u_2($u_2=\sqrt{2}U_2\cos\omega t$),然后由整流电路变换成方向不变、大小随时间变化的脉动电压 u_3,再用滤波器去除其交流成分,就可以得到比较平直的直流电压 U_1,但这样的直流输出电压,还会随交流电网电压的波动或负载的变化而变化。在对直流供电要求较高的场合,还需要稳压电路,以保证输出直流电压更加稳定。

图 3-26　直流稳压电源的组成

图 3-27 是由分立元件组成的串联型可调直流稳压电源的电路图。其中整流电路为单相桥式电路,滤波为电容滤波,稳压电路由复合调整管（VT_1、VT_2）、比较

放大器 VT_3、取样电路 R_4、R_5、R_P 和基准电压 R_3、D_Z 组成。整个稳压电路是一个具有电压串联负反馈的闭环系统，其稳压过程为：当电网电压变动或负载变动引起输出直流电压发生变化时，取样电路取出输出电压的一部分送入比较放大器，并与基准电压进行比较，产生的误差信号经 VT_3 放大后送至调整管 VT_1 的基极，使调整管改变其管压降，以补偿输出电压的变化，从而达到稳定输出电压的目的。

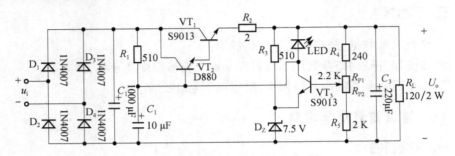

图 3-27　直流稳压电源的原理图

稳压电源的主要性能指标：

1. 输出电压 U_o 和输出电压的调节范围

$$U_o = \frac{R_4 + R_5 + R_P}{R_5 + R_{P_2}}(U_Z + U_{BE3})$$

调节 R_P 可以改变输出电压 U_o。

2. 最大负载电流 I_{om}

3. 输出电阻 R_o

输出电阻的定义：当输入电压 U_i（指稳压电路输入电压）保持不变时，由于负载变化而引起的输出电压变化量与输出电流变化量之比，即

$$R_o = \frac{\Delta U_o}{\Delta I_o} \bigg| U_I = 常数$$

4. 稳压系数 S（电压调整率）

稳压系数定义为：当负载保持不变时，输出电压相对变化量与输入电压相对变化量之比，即

$$S = \frac{\Delta U_o / U_o}{\Delta U_i / U_i} \bigg/ R_L = 常数$$

由于工程上常把电网电压波动 ±10% 作为极限条件，因此也有将此时电压的相对变化 $\dfrac{\Delta U_o}{U_o}$ 作为衡量指标，称为电压调整率。

5. 纹波电压

输出纹波电压是指在额定负载下,输出电压中所含交流分量的有效值。

6. 半波整流的输出电压 U_L

$$U_L = \frac{\sqrt{2}}{\pi}U_2 = 0.45U_2$$

7. 桥式整流(全波)的输出电压 U_L

$$U_L = 2\frac{\sqrt{2}}{\pi}U_2 = 0.9U_2$$

四、实验内容及方法

1. 整流电路的研究

① 在电路板上按照图 3-28、图 3-29 连接成半波整流、桥式整流电路。

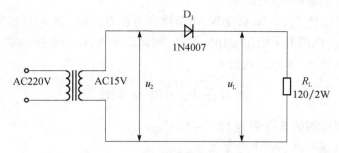

图 3-28 半波整流电路

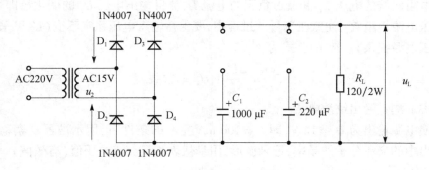

图 3-29 桥式整流电路

② 分别测试 u_2、u_L 电压值,并将 u_L 测试值与理论值进行比较。
③ 分别观察和记录半波整流和桥式整流的波形,并进行比较。

2. 滤波电路的研究

① 在电路板上按照图 3-28 连接电路,接成电容滤波电路。

② 分别用不同电容接入电路,测试并观察记录波形,并将 u_L 测试值与经验值进行比较。电容滤波器输出电压 u_L 的经验值为: $u_L = 1.2u_2$。

③ 在电路板上,还可以把滤波电容分别接成电感滤波、LC 滤波(电感电容滤波)型滤波,试自行连接电路并测试和分析这些电路的特点。

3. 稳压电路的研究

① 在电路板上按照图 3-27 连接电路。

② 检查无误后,输入低压交流电源 AC15V。

③ 调节 R_P,使稳压器输出电压为 12 V,测量 VT_1、VT_2、VT_3 的电压参数。

④ 调试输出电压的调节范围。即调节 R_P,观察测量输出电压 u_o 的变化情况,记录最大值和最小值。

⑤ 动态测量。

(1) 测量电源稳压特性

输出接上负载 $R_L = 120\ \Omega/2\ W$,调节串联可调直流稳压电源使输出为 12 V,改变输入电压 u_i,模拟电网电压 ±10% 波动,测量出输入、输出电压的变化量,根据公式计算稳压系数 S。S 的公式为

$$S = \frac{\Delta U_o / U_o}{\Delta U_i / U_i} / R_L = 常数$$

通常稳压电源的 S 一般为 $10^{-2} \sim 10^{-4}$。

(2) 测量稳压器的输出电阻 R_o

首先让电源的输出空载,测量输出电压 U_{o1},然后接负载电阻 R_L,再测量此时负载电阻两端的电压 U_{o2} 和流过负载的电流 I_o,测量输出电压 U_o 的变化量即可,求出稳压电源内阻 R_o,注意在测量的过程中,要保持输入电压稳定不变(U_i 可采用直流稳压电源提供)。R_o 的公式为

$$R_o = \frac{\Delta U_o}{\Delta I_o} \mid U_i = 常数$$

(3) 测量输出纹波电压

使电源输出为 $U_o = 12\ V$,即 $I_o = 100\ mA$ 左右的条件下,用示波器观察稳压电源输出中的交流分量即频率,记录波形,用毫伏表测量交流电压值(有效值)。

五、实验报告

① 整理实验数据,画出波形图,计算测量结果。

② 总结桥式整流电容滤波电路的特点。

③ 分析实验中出现的故障及排除方法。

3.2.12 集成稳压电路

一、实验目的

① 通过实验搭接电路,加深对三端稳压器件原理的理解。
② 学习使用三端稳压器件及测量三端稳压电源的主要指标。

二、实验仪器与器件

1. 示波器　　　　　2. 毫伏表　　　　　3. 万用表
4. 直流稳压电源　　5. IN4007、LM7812、LM317、电阻器、电容器若干。

三、实验原理

随着半导体工艺的发展,稳压电路也制成了集成器件。由于集成稳压器具有体积小、外接线路简单、使用方便,工作可靠和通用性等优点,因此在各种电子设备中应用十分广泛,基本上取代了由分立元件构成的稳压电路。对大多数电子仪器、设备和电子电路来说,通常是选用串联线性稳压器。而在这种类型的器件中,又以三端式稳压器应用最为广泛。

W78××、W79××系列三端式集成稳压器的输出电压是固定的,在使用中不能进行调整。W78××系列三端式稳压器输出正极性电压,W79××系列三端式稳压器输出负极性电压,一般有 5 V、6 V、8 V、9 V、12 V、15 V、18 V、24 V 等多个挡次,输出电流最大可达 1.5 A(需加散热片)。图 3 – 30 所示为 W78×× 系列的外形和接线图。

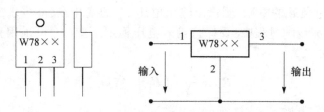

图 3 – 30　W78×× 系列的外形和接线图

它有 3 个引出端:
输入端(不稳定电压输入端)　　　标"1";
输出端(稳定电压输出端)　　　　标"3";
公共端　　　　　　　　　　　　标"2";

除固定输出三端稳压器外,还有可调式三端稳压器,可以通过外接元件对输出电压进行调节,以适应不同的需要。

本实验所用的集成稳压器为三端固定正稳压器 W7812 和可调三端正稳压器

LM317。W7812 的主要参数有:输出直流电压 U_o = +12 V,输出电流 I_o = 0.5 A,电压调整率 S = 100 mV/V,输出电阻 R_o = 0.15 Ω,输入电压 U_i 大于 15 V。因为一般 U_i 要比 U_o 大 3~5 V,才能保证集成稳压器工作在线性区。

四、实验内容及方法

1. 固定输出三端稳压器

电路图如图 3-31 所示。

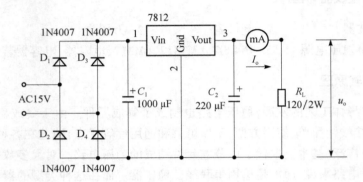

图 3-31 固定输出三端稳压器

① 按图 3-31 连接好线路,检查无误后,接入交流电压 AC15V。

② 测量三端集成稳压器输入端 1 脚、输出端 3 脚的电压和波形(直流电压及纹波电压),记录测量结果。

③ 测量稳压电源内阻 R_o。

测量稳压器空载的空载电压,输出端负载电阻 R_L = 120/2 W,测量负载电阻两端的电压及流过负载的电流,测量出输出电压 U_o 的变化量,即可求出稳压电源内阻 R_o。注意在测量的过程中,要保持输入电压稳定不变(U_i 可采用直流稳压电源提供)。R_o 的公式为

$$R_o = \frac{\Delta U_o}{\Delta I_o} \bigg/ U_i = 常数$$

④ 电压稳定系数 S。

输出接上负载 R_L = 120/2 W,改变输入电压 U_i,模拟电网电压 ±10% 波动,测出输入、输出电压的变化量,根据公式计算稳压系数 S。S 的公式为

$$S = \frac{\Delta U_o / U_o}{\Delta U_i / U_i} \bigg/ R_L = 常数$$

通常稳压电源的 S 一般为 $10^{-2} \sim 10^{-4}$。

2. 可调式三端稳压器

原理图如图 3-32 所示。

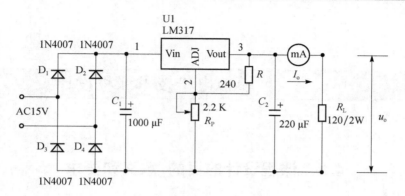

图 3-32 可调式三端稳压器

LM317 有三个引出端,1 脚为调整端,2 脚为输出端,3 脚为输入端。
最大输入电压为 40 V。

最大输出范围为 +1.25 ~ 37 V。

输出电压计算公式为 $U_o \approx 1.25\left(1 + \dfrac{R_P}{R}\right)$。

① 按图 3-32 连接好电路,检查无误后,接入交流电压 AC15V。
② 调节 R_P,测量输出电压的变化范围。
③ 测量 3 端、2 端的直流电压、纹波电压及波形,记录数据。
④ 测量稳压电源内阻。调节 R_P,使输出电压为 12 V。参照固定三端稳压器的电源内阻的测量方法进行测量,记录数据。
⑤ 电压稳定系数 S 的测量:调节 R_P,使输出为 12 V。参照固定三端稳压器的电压稳定系数的测量方法进行测量,记录数据。

五、实验报告

① 整理实验数据。画出实验电路。
② 分析结果,并与分立元件稳压电源的实验结果进行比较。

第4章　模拟电子技术课程设计

4.1　课程设计的目的、意义和要求

一、课程设计的目的、意义

在掌握理论知识的基础上强调提高学生的动手能力,是高职教育的一个侧重点。课程设计是实现这一目标的重要环节之一。

模拟电子技术课程设计是模拟电子技术课程的实践环节,学生可以在整个设计过程中,通过电路设计、安装调试、查阅整理资料、分析结果等环节的练习,巩固和加强对模拟电子技术理论的学习和理解;提高在电子线路方面的实践技能;逐步熟悉开展科学实践的程序和基本方法;并在老师的引导下,养成良好的设计习惯。逐渐形成严谨的科学作风,为将来从事电子产品的研制打下厚实的基础。

二、课程设计的基本要求

课程设计是通过阶段课程的各个教学环节之后进行的。内容的复杂性和工作量适中,课程设计应使学生达到以下要求。

① 初步掌握一般电子电路分析和设计的基本方方法。包括根据设计任务和指标,初选电路;通过调查研究、查阅资料、设计计算,确定电路方案;选择元器件,组装电路,独立进行调试、改进;分析电路指标测试结果,写出设计总结报告。

② 培养一定的自学能力和独立分析问题、解决问题的能力。包括学会自己分析解决问题的方法,对设计中遇到的问题,能独立思考,查阅工具书、参考文献,寻找答案;掌握一些电路调试的一般方法和规律,调试中出现一般故障,能通过"观察、判断,调试,再判断"的基本方法去解决问题;能对测试结果进行独立的分析、评价。

③ 掌握普通电子电路的生产流程以及安装、布线、焊接等基本技能。

④ 巩固常用电子仪器的正确使用方法,还包括对示波器、信号发生器、交流毫伏表等能正确使用;掌握常用电子元器件和电路的测试技能。

⑤ 严格的科学训练和课程设计实践。使学生逐步树立严肃认真,一丝不苟,实事求是的科学作风,并培养学生在实际工作中具有一定的生产观念、经济观念和全局观念。

4.2 课程设计的步骤

在模拟电子技术课程设计中,首先必须明确系统的设计任务和要求,根据任务和要求查阅相关资料,结合自己所学的理论知识进行方案选择,然后对方案中各部分单元电路进行设计、参数计算和器件选择,最后将各部分单元电路连接在一起画出整机电路图,并对整机电路图进行审核,进行焊接、组装和调试,直至达到设计要求。模拟电子技术课程设计的步骤如图 4-1 所示,在设计中可根据具体情况进行灵活掌握。

图 4-1 课程设计流程图

一、明确课程设计的任务和要求

对课程设计任务及要求进行具体分析,充分了解设计电路的性能、指标和要求,以便明确课程设计应完成的任务。

二、方案选择

这一步的工作要求是把课程设计要完成的任务分配给若干个单元电路,并画出一个能表示各单元功能的整机原理框图。

方案选择的重要任务是根据掌握的理论知识和查阅的相关资料,针对课程设计提出的任务和要求完成课程设计。在这个过程中要敢于探索,勇于创新,力争做到设计方案合理、可靠、经济、功能齐全、技术先进。同时对各种方案要不断进行可行性和优缺点的分析,最后设计出一个完整的原理框图。根据原理框图正确反映课程设计完成的任务和各组成部分的功能,清楚表示课程设计任务和各组成部分的功能,清楚地表示课程设计任务的基本组成和相互关系。

三、单元电路设计、参数计算和元器件的选择

根据课程设计任务的要求和原理框图,明确各部分任务,进行各单元电路的设计、参数计算和元器件的选择。

1. 单元电路设计

单元电路设计是整机设计的一部分,只有把各单元电路设计好才能提高整体设计水平。

每个单元电路设计前都需要明确本单元电路的任务,仔细拟定单元电路设计要求,与前后级之间的关系,分析电路的组成形式。具体设计时,可以模仿成熟的先进的电路,也可以进行创新和改进,但都必须保证性能的要求。并且,不仅单元电路本身要设计合理,各单元电路也要互相配合,注意各部分电路的输入信号、输出信号和控制信号的关系。

2. 参数计算

为保证单元电路达到功能指标要求,就需要用电子技术知识对参数进行计算。例如,放大电路的各种电阻值、放大倍数的计算,振荡电路中电阻、电容、振荡频率等参数的计算。只有很好地理解电路的工作原理,正确利用计算公式,计算的参数才能满足设计要求。

参数计算时,同一电路可能有几组数据,注意选择一组能完成电路设计要求的功能、在实践中真正可行的参数。

计算电路参数时应注意下列问题。

① 元器件的工作电流、电压、频率和功耗等参数应能满足电路指标的要求。
② 元器件的极限参数必须留有足够充裕量,一般大于额定值的1.5倍。
③ 电阻和电容的参数应选计算值附近的标称值。

4. 元器件选择

(1) 阻容元件的选择

电阻和电容元件种类很多,正确选择电阻和电容是很重要的。不同的电路对电阻和电容性能要求也不同,有些电路对电容的漏电要求很严,还有些电路对电阻、电容的性能和容量要求很高。例如滤波电容常用大容量(100~3 000 μF)铝电解电容,为滤掉高频通常还需并联小容量(0.01~0.1 μF)瓷片电容。设计时要根据电路的要求选择性能和参数合适的阻容元件,并注意功耗、容量、频率和耐压范围是否满足要求。

(2) 分立元件的选择

分立元件包括二极管、晶体三极管、场效应管、光电二(三)极管、晶闸管等。根据其用途分别进行选择。

选择的器件种类不同,注意事项也不同。例如选择晶体三极管时,首先注意选择 NPN 型还是 PNP 型管,高频管还是低频管,大功率管还是小功率管,并注意管子的参数 $U_{(BR)CEO}$、P_{CM}、I_{CEO} 等。

(3) 集成电路的选择

由于集成电路可以实现很多单元电路甚至整机电路的功能,所以选用集成电路来设计单元电路和总体电路既方便又灵活,它不仅使系统体积缩小,而且性能可靠,便于调试及运用,在设计电路时颇受欢迎。

集成电路有模拟集成电路和数字集成电路。国内外已产出大量集成电路,其器件的型号、原理、功能、特征可查阅有关集成电路手册。

选择的集成电路不仅要在功能的特性上实现设计方案,而且要满足功耗、电压、速度、价格等多方面的要求。

四、画出整机电路图

为详细表示设计的整机电路及各单元电路的连接关系,设计时需绘制完整的整机电路图。

电路图通常是在系统原理框图、单元电路设计、参数计算和器件选择的基础上绘制的,它是组装、调试和维修的依据。绘制整机电路图时要注意以下几点。

① 布局合理、排列均匀、图面清晰,有利于对图的理解和阅读。

② 尽量把总体电路图画在同一张纸上。

③ 注意信号的流向,一般从输入端或信号源画起,由左至右或由上至下按信号的流向依次画出各单元电路,而反馈通路的信号流向则与此相反。

④ 图形符号要标准,图中应加适当的标注。图形符号表示器件的项目或概念。电路图中的中、大规模集成电路器件,一般用框图表示,在方框中标出它的型号,在方框的边线两侧标出每根线的功能名称和管脚号。除中、大规模集成电路器件外,其余元器件符号应当标准化。

⑤ 电路图中所有的连线都要表示清楚,各元器件之间的绝大多数连线应在图中直接画出。连线通常画成水平线或垂直线,一般不画斜线。还应当注意尽量使连线短些,少拐弯。

五、审图

在画出整机电路图,并计算出全部参数值后,至少应进行一次全面审查。经过审查可以发现和解决一部分或大部分问题,为实验(或仿真)打下较好的基础。相反,如果不审图便进行实验,即使不损坏元器件,也可能会出现较多的问题和困难,有时甚至会感到不知所措。

对于比较复杂的电子电路,单凭纸上谈兵,要想使自己设计的原理电路正确无误和完善,往往是不现实的,所以常需要进行实验或用仿真软件对设计电路进行仿真实验。通过实验可以发现问题。遇到问题时应善于理论联系实际,深入思考、分析原理、找出解决问题的办法和途径。经测试,电路性能全部达到要求后,再画出正式的整机电路图。

六、组装、焊接及调试

电子线路设计好后,便可进行组装、焊接及调试。

模拟电子技术课程设计中组装电路采用焊接和在实验箱上插接两种方式。焊接组装可以提高学生的焊接技术,但器件可重复利用率低。在实验箱上插接组装,元器件便于插接且电路便于调试,并可提高器件重复利用率。

实践证明,一个电子装置,即使按照设计的电路参数进行组装,往往也难以达到预期的效果,这是因为人们在设计时,不可能周密地考虑各种复杂的客观因素(如元器件值的误差、器件参数的分散性、分布参数、焊接技术的影响),必须通过组装后的测试和调整,来发现和纠正设计方案的不足和组装的不合理,然后采取相应的措施进行改进,使电路达到预期的要求。电路调试具体步骤如下。

1. 调试前的直观检查

电路组装完毕,通常不宜急于通电,先要认真检查电路。检查连线是否正确,元器件及元器件引脚之间有无短路、连接处有无接触不良;二极管、三极管、电解电容、集成电路极性及引脚等是否连接有误;检查直流源极性是否正确,信号线的连接是否正确;电源端对地是否存在短路。若电路经过上述检查,并确认无误后,就可转入通电调试。

2. 通电观察

把经过准确测量的电源接入电路,观察有无异常现象,包括有无冒烟、是否有异味,手摸元器件是否发烫,电源是否有短路现象等。如果有异常,应立即切断电源,待排除故障后才能再通电。然后测量各路总电源电压和各器件的引脚的电源电压,以保证元器件正常工作。

3. 静态调试

交流、直流并存是电子电路工作的一个重要特点。一般情况下,直流为交流服务,直流是电路工作的基础。静态调试一般是指没有外加信号的条件下所进行的直流调试和调整过程。例如通过静态调试测试模拟电路的静态工作点,可以及时发现已经损坏的元器件,判断电路的工作情况,及时调整电路的参数,使电路工作状态符合设计要求。

4. 动态调试

动态调试是在静态调试的基础之上进行的。调试的方法是在电路的输入端接入适当频率和幅值的信号,并循着信号的流向逐级检测各有关点的波形、参数和性能指标。发现故障现象,应采取不同的方法缩小故障范围,最后设法排除故障。

调试电路常用的仪器有:万用表、稳压电源、示波器、信号发生器等。

七、课程设计报告

编写课程设计报告是对学生写科技论文(毕业论文)和科研总结报告的能力训练。通过写报告,不仅把设计、组装、调试的内容进行全面总结,而且把实践内容上升到理论高度。课程设计报告包括以下几点。

① 课题名称。

② 设计任务和要求。

③ 方案选择与论证(比较和选择设计的系统方案,画出系统框图)。

④ 单元电路设计、参数计算和元器件的选择(单元电路设计与计算说明,元器件选择和电路参数计算说明等)。

⑤ 画出完整的电路图,并说明电路的工作原理及各元器件的作用。

⑥ 焊接、调试电路。

掌握电子电路的焊接技术,对焊接、调试中出现的问题进行分析,并说明解决的措施;测试、记录整理数据与结果分析。调试内容包括:使用的主要仪器仪表;调试电路的方法和技巧;测试的数据和波形并与计算结果进行比较;调试中出现的故障、原因及排除方法。

⑦ 收获体会、存在的问题和进一步的改进意见等。

⑧ 列出系统需要的元器件清单。

⑨ 列出参考文献(可参考教材后面的参考文献格式)。

4.3 课程设计项目

4.3.1 单级低频放大电路设计

一、设计目的

① 掌握低频放大器的工作原理及应用。

② 掌握低频小信号放大电路的设计方法。

二、设计任务及要求

1. 设计任务

设计一个工作点稳定的单级放大器,已知放大器的外接负载电阻为 $R_L = 2.4\ \text{k}\Omega$,输入信号不大于 20 mV,信号源内阻约为 500 Ω。

2. 设计要求

① 电压放大倍数:$A_u \geqslant 80$。

② 通频带:$BW_{0.7} = 100\ \text{Hz} \sim 10\ \text{kHz}$。

三、设计过程

1. 设计方案选择

低频放大器的形式很多,从组态来看有共发射极放大器、共基极放大器、共集电极放大器。这3种组态的放大器的特性各异,表4-1给出它们之间的比较。

表4-1 3种组态放大电路的比较

组 态	共射放大器	共集放大器	共基放大器
电压放大倍数	几十到一二百	≈1	几十到一二百
电流放大倍数	几十到一二百	几十到一二百	≈1
输入阻抗	中	大	小
输出阻抗	大	小	大
功率放大倍数	大	中	中
输出电压与输入电压相位关系	反相	同相	同相
应用场合	中间级	输入、输出级或缓冲级	高频、宽带等电路及恒流源电路

共射放大器的输入阻抗在上千欧范围,而射极跟随器的输入阻抗在 50 ~ 500 kΩ 范围,共基放大器的输入阻抗只有几十欧。共射放大器和射极跟随器的输入阻抗主要受偏置电路影响。

射极跟随器的输出阻抗一般只有几欧至几十欧;而共射放大器的输出阻抗受集电极电阻影响,一般都可以达到几千欧;共基放大器的输出阻抗也很大,它受到集电极电阻影响,很容易达到几千欧。

由于以上特点,射极跟随器通常用作多级放大电路及其他电路的输入级及缓冲级。共射放大器用在中间级或输入级,用于信号的放大。共基放大器由于其高频特性比较好,其常用在高频、宽频带电路以及恒流源电路中。

了解这些组态特性及其用途,设计电路时,可以根据需要合理选择不同的组态。

就每种组态来讲,电路的结构形式又有许多种,下面只就常见的共射组态电路予以讨论。

2. 系统设计与分析

图4-2所示电路是简单的固定偏置放大电路,这种放大器的静态工作点受温度的影响较大,极易出现工作点漂移,使信号无法正常工作,因此这种电路通常用于温度变化不大,输入信号很小(几毫伏以下)的场合,如磁带收音机的前级放大。

为了克服上述电路工作点不稳定的缺点,对偏置电路采用分压偏置的形式,如图4-3所示。静态时,由于基极电流远小于 R_{B2} 的电流,所以,可以认为

$$U_B = \frac{R_{B2}}{R_{B1} + R_{B2}} V_{CC}$$

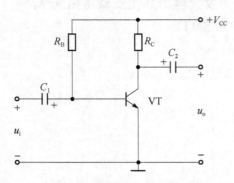

图4-2 固定偏置放大电路

同时,为了抑制温度对工作点的影响,还在发射极接一个电阻 R_E,通过电阻 R_E 的直流负反馈来稳定静态工作点。为了增大放大倍数,减小输入阻抗,在发射极电阻上并联一个旁路电容 C_E。当然,如果要进一步增大输入阻抗,可以在 R_E、C_E 并联网络之外串联一个电阻,引入交流串联负反馈,从而达到要求。当然这样会使电路的放大倍数减小。

根据以上分析及设计要求,采用图 4-3 所示电路。

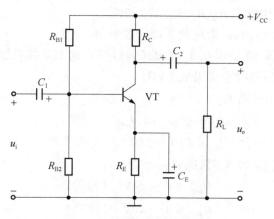

图 4-3　分压偏置放大电路

3. 参数计算及元器件的选择

(1) 晶体管类型

不同规格的晶体管有不同的适用场合,要根据电路的工作频率、极限参数来确定,一般可以查晶体管手册或根据经验来确定。

在这个设计题目中,用 3DG6A,它的直流放大系数 β 通常为 50～150,最高工作频率可达 150 MHz 以上,最大功耗 P_{cm} 为 100 mW,$U_{CEO} \geq 30$ V,$U_{CBO} \geq 40$ V。因此,它完全能满足电路要求。

(2) 电源电压 V_{CC}

电源电压的大小既要能保证放大器正常工作,满足输出要求、又不要太高。V_{CC} 太高,对元器件的耐压要求高,同时增加电路功耗,电源利用率低。一般依据经验,V_{CC} 按下面公式确定,即

$$V_{CC} \geq 1.5 \times (2U_{om} + U_{CES}) + U_E$$

式中,U_{om} 是输出信号的最大值;U_{CES} 是晶体管的反向饱和压降,一般取 1 V 计算;U_E 是发射极电位,该值可以根据电路结构设定。

V_{CC} 的最后取值一般尽可能取:3 V、4.5 V、5 V、6 V、9 V、12 V、15 V、18 V、24 V、30 V 等,这样,与其相匹配的电源容易得到。

在电路设计完以后,还要验算电路电源电压取值是否合适,如果不合适,再调

整。演算后按下面公式,即
$$V_{CC} = U_{om} + U_{CES} + I_{CQ}(R_C + R_E)$$
式中,$U_{CES} = 1$ V。

在本设计中,$U_{om} \geqslant 20$ mV $\times 80 = 1.6$ V,U_E 取 2.5 V。则有
$$V_{CC} = 1.5 \times (2 \times 1.6 + 1) + 2.5 = 8.8(V)$$
可见,V_{CC} 只要稍大于 8.8 V 即可,在这里取 $V_{CC} = 12$ V。

(3) 确定电路中电阻 R_C、R_E、R_{B1}、R_{B2} 的值

① 在确定几个电阻时,常用到下面的经验值:

晶体管基极体电阻 r_{be} 取 $0.8 \sim 3$ kΩ(硅材料),通常对共射放大器来说,这个值取 1.5 kΩ,在粗略估算时也可以取 1 kΩ。

流过电阻 R_{B1} 的电流 I_1。
$$I_1 = (5 \sim 10)I_{BQ} \quad (硅管)$$
$$I_1 = (10 \sim 20)I_{BQ} \quad (锗管)$$
在电源电压 $V_{CC} = 12$ V 时,则有:
$$U_{BQ} = 3 \sim 5 \text{ V} \quad (硅管)$$
$$U_{BQ} = 1 \sim 3 \text{ V} \quad (锗管)$$
或者用 $U_{BQ} = (0.2 \sim 0.4)V_{CC}$,$U_E = (0.2 \sim 0.3)V_{CC}$ 确定。

② 静态工作点电流:
$$I_{CQ} = 0.5 \text{ mA} + I_{cm}$$
式中,I_{cm} 是由输入引起的集电极交流电流最大值,计算如下
$$I_{cm} = \beta I_{bm} = \beta \frac{U_{im}}{r_{be}}$$
当放大电路为输入级时,有
$$I_{CQ} = 0.1 \sim 1 \text{ mA} \quad (硅管)$$
$$I_{CQ} = 0.2 \sim 2 \text{ mA} \quad (锗管)$$
当放大电路为中间级时有 $I_{CQ} = 1 \sim 3$ mA。

由上面各公式确定出各参数。

③ 确定 R_{B1}、R_{B2} 的值:在本设计中,有
$$I_{cm} = \beta \frac{U_{im}}{r_{be}} = 70 \times \frac{20 \text{ mV}}{1 \text{ kΩ}} = 1.4 \text{ mA}$$
$$I_{CQ} = 0.5 \text{ mA} + I_{cm} = 0.5 \text{ mA} + 1.4 \text{ mA} = 1.9 \text{ mA}$$
$$I_{BQ} = \frac{I_{CQ}}{\beta} = \frac{2 \text{ mA}}{70} \approx 28 \text{ μA}$$

在此取流过 R_{B1} 的电流 $I_1 = 7I_{BQ}$,则 $I_1 = 7I_{BQ} = 7 \times 28$ μA = 196 μA,取 $U_{BQ} = 3.5$ V,由电路得

$$R_{B1} = \frac{V_{CC} - U_{BQ}}{I_1} = \frac{12\text{ V} - 3.5\text{ V}}{196\text{ μA}} = 43.3\text{ kΩ} \approx 43\text{ kΩ}$$

再结合理论公式 $U_B = \frac{R_{B2}}{R_{B1} + R_{B2}} V_{CC}$,可以算出 $R_{B2} = 17.8\text{ kΩ} \approx 18\text{ kΩ}$。

上面所计算的参数是在近似条件下或参考了经验值后得出的,实际中,为了能够修正这些偏差,便于调节静态工作点,R_{B1} 用一个电位器和一个固定电阻代替,电位器选 100 kΩ 的实心电位器,固定电阻选 10 kΩ/0.25 W。

④ 确定 R_E 的值。

由于 $\quad U_{EQ} = U_{BQ} - 0.7 = 3.5 - 0.7 = 2.8(\text{V})$

$\quad\quad I_{CQ} \approx I_{EQ}$

得 $\quad R_E = \frac{U_{EQ}}{I_{EQ}} = \frac{2.8\text{ V}}{2\text{ mA}} = 1.4\text{ kΩ}$

⑤ 确定 R_C 的值,根据共射放大器的理论分析知,在带负载 R_L 时,有:

$$A_u = -\frac{\beta(R_C \mathbin{/\mkern-6mu/} R_L)}{r_{be}}$$

在本设计中,要求 $R_L = 2.4\text{ kΩ}$,$A_u \geq 80$,这里取 $A_u = 80$,由上式可计算出 $R_C = 2.17\text{ kΩ}$,取标称值 2.2 kΩ。

如果所设计的电路如图 4-4 所示,在发射极旁路电容之外还存在电阻 R_{E1},那么放大倍数 A_u 为

$$A_u = -\frac{\beta(R_C \mathbin{/\mkern-6mu/} R_L)}{r_{be} + (1+\beta)R_{E1}}$$

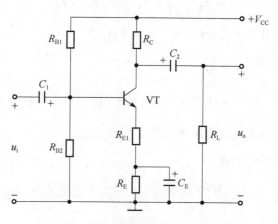

图 4-4 分压偏置放大电路

利用上式可计算 R_C。一般情况下,上式可进一步简化为

$$A_u = -\frac{\beta(R_C \mathbin{/\mkern-6mu/} R_L)}{r_{be} + (1+\beta)R_{E1}} \approx -\frac{R_C \mathbin{/\mkern-6mu/} R_L}{R_{E1}}$$

这样计算 R_C 更方便。

(4) 确定电路中电容 C_1、C_2、C_E 的值

这 3 个电容对电路的低频特性影响较大,特别是 C_E,为了便于对下限频率的分析和控制,一般 C_E 取值很大,通常在 50～100 μF 取值。在进行频率特性分析时,可以认为它的容抗为 0,同时取 $C_1 = C_2$。这样,在设计时只需考虑 C_1 对下限频率的影响。

根据理论公式

$$f_L = \frac{1}{2\pi(R_S + r_{be})C_1}$$

算出 C_1,按经验对其再增大 3～10 倍,即

$$C_1 = (3～10)\frac{1}{2\pi(R_S + r_{be})f_L}$$

通常 C_1 取值为 1～50 μF,根据本次设计要求,经计算分析 $C_1 = C_2$ 可取 10 μF,其耐压值为 16 V。

(5) 重新核算

在参数计算时,采用了许多经验值或经验公式,对元器件都认为是理想元器件,这样计算的参数可能与理论值有较大的偏差。因此,只有在初步设计的基础之上依据理论分析,对一些元器件和参数稍微做出调整,才使其与理论相符。

首先计算静态工作点:

$$U_B = \frac{R_{B2}}{R_{B1} + R_{B2}}V_{CC} = \frac{18}{43 + 18} \times 12 = 3.54(V)$$

$$U_{EQ} = U_B - 0.7 = 3.54 - 0.7 = 2.84(V)$$

$$I_{EQ} = \frac{U_{EQ}}{R_E} = \frac{2.84}{1.4} = 2.03(mA)$$

$$U_{CEQ} = V_{CC} - I_{CQ}(R_C + R_E) = 12 - 2.03 \times (2.2 + 1.4) = 4.7(V)$$

可以看出 U_{CEQ} 接近 $\frac{V_{CC}}{2}$,这说明工作点基本合适。

下面计算电压放大倍数:

$$A_u = \left| -\frac{\beta(R_C /\!/ R_L)}{r_{be}} \right| = 70 \times \frac{2.2 /\!/ 2.4}{1} \approx 80$$

电路的增益符合设计要求。

4. 画出整机电路图

本次设计的单级低频放大电路整机电路如图 4-5 所示。

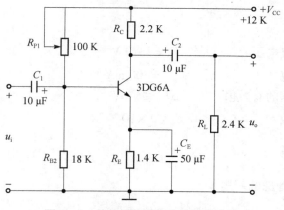

图 4-5 单级低频放大电路整机电路

5. 电路的焊接、制作与调试

电路设计完成后,进行组装焊接、调试和测试,以发现设计中存在的缺陷。通过改进最终达到设计要求。

在电路板上按照电路图 4-5 组装焊接电路。在焊接电路之前应该用万用表对所用晶体管等元器件进行检查。

电路调试过程如下:

① 电路焊接完成后,在不通电的情况下对照电路图认真检查,确保电路连接、焊接正确,防止出现短路和断路。

② 检查完成后,通电 $V_{CC} = 12\text{ V}$,同时观察电路元器件有无发烫或冒烟等异常现象,若有,立即关断电源,重新检查。对于短路或断路故障的判断可根据示波器上能否观察到正常的输出波形来进行,若存在此类故障,可用万用表逐点去检查对地电压,直到找出故障点。

③ 在电路无异常情况下,将合适的正弦信号加到电路输入端,用示波器观察输入、输出波形的电位、幅值是否正常,输出波形有无失真。

4.3.2 集成直流稳压电源设计

一、设计目的

① 掌握稳压电源的设计、组装与调试方法。
② 熟悉三端可调式集成稳压器 LM317 的特点和使用方法。
③ 掌握集成稳压电源的工作原理。

二、设计任务及要求

1. 设计任务

设计一个输出电压可调的直流稳压电源。

2. 设计要求

(1) 输出直流电压　　　　　$U_o = 3 \sim 9$ V

(2) 输出电流　　　　　　　$I_{omax} = 800$ mA

(3) 纹波电压的有效值　　　$\Delta U_o \leqslant 5$ mV

(4) 稳压系数　　　　　　　$S_u \leqslant 3 \times 10^{-3}$

三、设计过程

1. 设计需要考虑的问题

(1) 稳压器的选择

如果输出电压是系列标称值，精度要求不高，可选用三端固定集成稳压器。三端固定集成稳压器正压系列为78××，其又分为3个子系列，即78××、78M××和78L××。其差别仅在输出电流和外形，78××输出电流为1.5 A，78M××输出电流为0.5 A，78L××输出电流为0.1 A。负压系列为79××，与78××系列相比，除了输出电压的极性和引脚定义不同外，其他特点都相同。

如果要求输出电压的稳定性较高，电压是非标称值可调的，三端可调式稳压器是最合适的选择。正压系列为W317，负压系列为W337。

如果电源要求精度不高，电流很大，同时要求减轻电源重量，提高电源利用率时，可考虑开关稳压电源。

(2) 变压器和整流滤波电路设计

在整流电路的选择上应优先考虑全波桥式整流，因为其对整流二极管的耐压要求低，缺点是相对增加了电源内阻。小型变压器一般不必自己动手制作，在电子市场上有许多专业厂家专门设计生产该类产品，一般只需提供变压器的绕组要求、输出功率、输入和输出电压、输出电流等。

(3) 稳压器的散热

若稳压器散热不良，其能承受的输出功率就会降低，稳压器的使用寿命就会缩短。稳压器是否加散热板，取决于稳压器最大承受功率（$P_{omax} = I_{omax} \cdot U$）和负载最大消耗功率，若负载最大消耗功率小于稳压器最大承受功率的1/2时，可以不加散热板，利用其自带的散热片即可。

2. 设计过程

(1) 选择集成稳压器及确定电路设计方案

直流电源电路一般由电源变压器、整流电路、滤波电路及稳压电路组成，基本电路框图如图4-6所示。

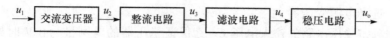

图4-6 直流电源电路组成原理框图

电源变压器的作用是将市电电网220 V、50 Hz的正弦交流电压变换成整流电路所需要的交流电压。变压器的二次与一次的功率比为变压器的效率 η，则

$$\eta = \frac{P_2}{P_1}$$

常用的整流滤波电路是桥式整流电容滤波电路，其中滤波电容 C 满足

$$C \geq (3 \sim 5)\frac{T}{2R_L} = (3 \sim 5)T\frac{I_{imax}}{2U_{imin}} \approx (1\,941 \sim 3\,235)\,\mu F$$

式中，R_L 为整流滤波电路的等效负载电阻；T 为电网电压周期；U_{imin} 为稳压器要求的最低输入直流电压；I_{imax} 为稳压器要求的最高输入直流电流。滤波电容的容量也可以用经验公式 $C = (1\,500 \sim 2\,000) \times I_o$，计算时用工作电流最大值并考虑余量。

本设计根据性能指标要求，集成稳压器选用CW317（国外型号为LM317），其输出电压范围为 $U_o = 1.3 \sim 3.7\,V$，最大输出电流为 I_{omax} 为 1.5 A，所确定的稳压电路如图4-7所示。

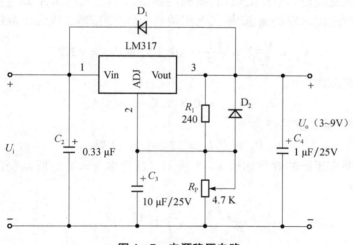

图4-7 电源稳压电路

在图4-7所示的电路图中，R_1 和 R_P 组成输出电压调节电路，输出电压 $U_o \approx 1.25 \times \left(1 + \frac{R_P}{R_1}\right)$，$R_1$ 取 120~240 Ω，流过 R_1 的电流在空载时最大为 5~10 mA，最小为 50 μA，根据 $R_1 = \frac{1.25}{I}$，$R_1 = 240\,\Omega$，则由 $U_o \approx 1.25 \times \left(1 + \frac{R_P}{R_1}\right)$，结合设计要求 $U_o = 3 \sim 9\,V$，可求得：$R_{Pmin} = 336\,\Omega$　$R_{Pmax} = 1\,448\,\Omega$，故 R_P 取标称值为 2 kΩ 的精密绕线电位器。

(2) 选择电源变压器

首先确定稳压电路的输入电压 U_i，为保证稳压器的电网量为 3 V 时处于稳压状态，要求

$$U_i \geqslant U_{omax} + (U_i - U_o)_{min}$$

式中，$(U_i - U_o)_{min}$ 是稳压器的最小输出电压，典型值为 3 V。按一般电源指标要求，当输入交流电压 220 V 变化 ±10% 时，电源应处于稳压状态。

稳压电路的最低输入电压

$$U_{imin} \approx [U_{omax} + (U_i - U_o)_{min}]/0.9$$

。另一方面为保证稳压器安全工作，要求

$$U_i \leqslant U_{omin} + (U_i - U_o)_{max}$$

式中，$(U_i - U_o)_{max}$ 是稳压器允许的最大输入输出电压差，典型值为 35 V。

其次，由稳压器要求的最低输入直流电压 U_{Imin} 计算出变压器二次输出电压和二次电流。由于 CW317 的输入电压和输出电压差的最小值 $(U_i - U_o)_{min} = 3 \text{ V}$，输入电压与输出电压差的最大值 $(U_i - U_o)_{max} = 40 \text{ V}$，故 CW317 的输入电压范围为

$$U_{omax} + (U_i - U_o)_{min} \leqslant U_i \leqslant U_{omin} + (U_i - U_o)_{max}$$

即

$$9 \text{ V} + 3 \text{ V} \leqslant U_i \leqslant 3 \text{ V} + 40 \text{ V}$$

$$12 \text{ V} \leqslant U_i \leqslant 43 \text{ V}$$

若不考虑交流输入电压的波动，则稳压器的最小输入电压为 12 V。根据桥式全波整流电容滤波电路的输出/输入电压关系，确定变压器二次输出电压为

$$U_2 = \frac{U_{imax}}{1.1} = \frac{12}{1.1} = 10.9 \text{ V}, \text{取} U_2 = 12 \text{ V}$$

变压器二次电流为

$$I_2 > I_{omax} = 0.8 \text{ A}, \text{取} I_2 = 1 \text{ A}$$

因此，变压器二次功率为

$$P_2 \geqslant U_2 I_2 = 12 \times 1 = 12 \text{ W}$$

一般小型变压器的效率如表 4-2 所示。这里取 $\eta = 0.7$，所以变压器一次输入功率为

$$P_1 \geqslant \frac{P_2}{\eta} = \frac{12}{0.7} = 17.1 \text{ W}$$

表 4-2 小型变压器的效率

副边功率 P_2	<10 VA	10~30 VA	30~80 VA	80~200 VA
效率 η	0.6	0.7	0.8	0.85

为留有余地，选用功率为 20 W 的变压器。由上述分析，可选购功率为 20 W，220 V/12 V，输出电流为 1 A 的变压器。

(3) 选用整流二极管和滤波电容

由于二极管最大瞬时反向电压 $U_{Rmax} \geqslant \sqrt{2} U_2$，$I_{omax} = 0.8 \text{ A}$。而 IN4007 的反向

击穿电压 $U_{RM} \geq 50\ V$，额定工作电流 $I_o = 1\ A \geq I_{omax}$，故整流二极管选用 IN4007。

滤波电容按经验公式：

$$C_o = 2\,000 \times I_o = 2\,000 \times 0.8 = 1\,600(\mu F)$$

取标称值为 2 200 μF 的电容，电容的耐压值要大于 $\sqrt{2}U_2 = \sqrt{2} \times 12 = 17\ V$，故滤波电容 C_o 选取 2 200 μF/25 V 的电解电容。

（4）画出整机电路图

通过上述方案的选择及元器件的选择确定完整的集成直流稳压电源整机电路图如图 4 – 8 所示。

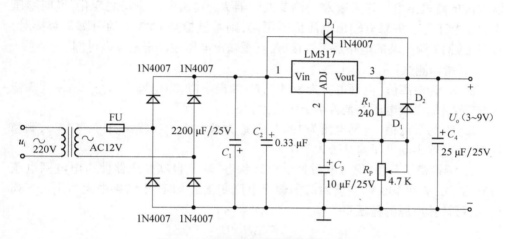

图 4 – 8　集成直流稳压电源整机电路

如果集成稳压器距离滤波电容 C_1 较远时，应在 LM317 靠近输入端处接上一只 0.33 μF 的旁路电容 C_2，以减小集成稳压器输入端的纹波电压。接在调整端和接地端之间的电容 C_3 是用来滤除旁路电位器（变阻器）R_P 两端的纹波电压。当 C_3 的容量为 10 μF 时，纹波抑制比可提高 200 dB，减小到原来的 1/10。另一方面由于在电路中接了电容 C_3，此时一旦输入端或输出端发生短路，C_3 中储存的电荷会通过稳压器内部的调整电路和基准放大管放电而使得集成稳压器 LM317 损坏。为了防止在这种情况下 C_3 的放电电流通过稳压器内部，在 R_1 两端并联一个二极管 D_2 以保护稳压器。LM317 集成稳压器在没有容性负载的情况下可以稳定工作。但当输出端有 500 ~ 5 000 pF 的容性负载时，就容易发生自激振荡。为了抑制自激，在输出端接一只 1 μF 的钽电容或 25 μF 的铝电解电容 C_4。该电容可以改善电源的瞬态响应。但是接上电容 C_4 后，集成稳压的输入端一旦短路，该电容将对稳压器的输出端放电，其放电电流可能损坏稳压器，故在稳压器的输入/输出端之间，接上一个保护二极管 D_1。

（5）电路的焊接、制作与调试

电路设计完成后，进行组装焊接、调试和测试，以发现设计中存在的缺陷。通过改进最终达到设计要求。

在电路板上按照电路图组装焊接电路。在焊接电路之前应该用万用表对所用晶体管等元器件进行检查。

电路调试过程如下：

① 整流滤波电路：整流滤波电路主要检查整流二极管、滤波电容的极性是否接反，否则会损坏变压器。检查无误后，通电测试，用示波器观察输出是否正常，或者用万用表直流电压挡测整流滤波电路输出电压是否正常。

② 稳压电路：输入端加直流电压（可用直流电源作为输入，也可用调试好的整流滤波电路输出电压作为输入），调节变阻器 R_P，输出电压应随之变化，说明稳压电路正常工作。如果有输出电压但不可调，则着重检查 LM317 的引脚是否接对，以及 LM317 调整端的电路是否连接好，直至输出电压在一定范围内可调。

③ 指标测试：

a. U_i 为最高值（电网电压为 24 V），U_o 为最小值（本电路中 $U_{omax} = 3$ V），测稳压器输入、输出端电压差是否小于额定值。

b. U_i 为最低值（电网电压 198 V），U_o 为最大值（本电路中 $U_{omin} = 3$ V），测稳压器输入、输出端电压差是否大于 3 V。

c. 测量稳压系数：稳压电源处于空载状态，调节自耦变压器使市电电网电压分别为 242 V 和 198 V，测量对应的输出电压变化量，将两个结果中大的代入下列公式，可计算电源的稳压系数。

$$S_u = \frac{\Delta U_o / U_o}{\Delta U_i / U_i}$$

d. 纹波电压的测量：将稳压电源的输出通过电容器接至交流毫伏表，读出交流毫伏表的指示值即为输出电压中的纹波电压的有效值。

4.3.3 集成功率放大器设计

一、设计目的

① 掌握低频功率放大器的设计方法、基本工作原理和性能指标测试方法。

② 通过对集成功率放大器的设计、安装和调试，进一步加深对互补对称功率放大器的理解，增强实际动手能力。

二、设计任务及要求

1. 设计任务

设计制作一个由集成电路组成的低频功率放大器。

2. 设计要求

① 负载阻抗 $R_L = 8\ \Omega$。

② 输出信号功率 $P_o = 8$ W。
③ -3 dB 带宽 $f_L - f_H = 80$ Hz ~ 6 kHz。
④ 非线性失真系数 $\gamma \leqslant 1\%$（在 1 kHz 满功率时）。
⑤ 效率 $\eta \geqslant 55\%$。
⑥ 单电源供电。

三、设计过程

1. 功率放大器的特点与分类

功率放大器的作用是给某些电子设备中换能器提供一定的输出功率,如:收音机中的扬声器、继电器中的电感线圈等。当负载一定时,希望输出的功率尽可能大,输出信号的非线性失真尽可能小,效率尽可能高。功率放大器根据三极管的静态工作电流不同,可分为甲类、乙类、甲乙类 3 种。甲类功率放大器的电流 $i_C > 0$,三极管在输入信号的整个周期内都导通,电源始终不断地输送功率,在没有信号输入时(即静态),这些功率全部消耗在功率管和电阻上;当有信号输入时(即动态),其中电源提供的功率的一部分转化为有用的输出功率,所以,输出功率较小,输出效率较低。

2. 互补推挽功率放大器

乙类、甲乙类功率放大器虽然效率高,但它的输出波形严重失真,为了妥善解决失真和效率的矛盾,采用互补推挽式电路,如图 4-9 所示。

（1）互补推挽功率放大器的参数

图 4-9 中,当 $u_i = 0$,VT_1、VT_2 截止,$u_o = 0$,当 u_i 为正半周,VT_2 截止,VT_1 导通放大,负载上有电流流过;负半周时,VT_1 截止,VT_2 导通放大,两只管子在无信号时均不工作。而有信号时,轮流导通,故称互补推挽式电路。

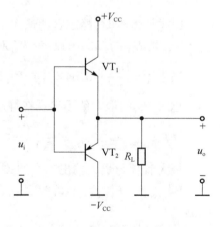

图 4-9 互补推挽式电路

① 输出功率:

$$P_o = I_o U_o = \frac{I_{om}}{\sqrt{2}} \cdot \frac{U_{om}}{\sqrt{2}} = \frac{1}{2} I_{om} U_{om} = \frac{1}{2} I_{cm} U_{cem} = \frac{1}{2} \frac{U_{cem}^2}{R_L}$$

$U_{cem(max)} \approx V_{CC}$ 所以 $P_{o(max)} \approx \dfrac{V_{CC}^2}{R_L}$

直流电源供给功率 P_V:电路中,正、负电源在一周期内轮流供电,电路的对称性使正负电源供给功率相等,所以电源总供给功率为单个电源供给功率的两倍。

$$P_V = 2 \frac{1}{2\pi} \int_0^{2\pi} V_{CC} i_{c1} \mathrm{d}(\omega t) = \frac{1}{\pi} \int_0^{2\pi} V_{CC} I_{cm} \sin\omega t \mathrm{d}(\omega t) = \frac{2}{\pi} I_{cm} V_{cc} = \frac{2U_{cem}}{\pi}$$

所以 $P_{V(\max)} = \dfrac{2V_{CC}^2}{\pi R_L}$

② 效率 η：

$$\eta = \frac{P_o}{P_V} = \frac{\dfrac{1}{2} \dfrac{U_{cem}^2}{R_L}}{\dfrac{2U_{cem} V_{CC}}{\pi R_L}} = \frac{\pi U_{cem}}{4 V_{CC}}, \text{当} U_{cem} \text{最大时}, P_o \text{最大，效率也最大。}$$

$$\eta_{\max} \approx \frac{\pi V_{CC}}{4 V_{CC}} = \frac{\pi}{4} \approx 78.5\%$$

上式是忽略了 $U_{CE(sat)}$ 得到的，因此实际最大效率要比 78.5% 小。

③ 管耗：

由 VT_1、VT_2 在一个周期内轮流导通可知：两管的管耗相等，即 $P_{VT_1} = P_{VT_2}$；总管耗为：

$$P_{VT} = P_{VT_1} + P_{VT_2} = 2P_{VT_1} = 2P_{VT_2};$$

$$P_{VT_1} = P_{VT_2} = \frac{1}{2\pi} \int_0^{2\pi} u_{CE} i_{CE} \mathrm{d}(\omega t) = \frac{1}{R_L} \left(\frac{V_{CC} U_{om}}{\pi} - \frac{U_{om}^2}{4} \right)$$

甲类放大器时，静态管耗最大，乙类工作时，静态管耗为零；当 U_{om} 由小增大时，由于 P_{VT} 是 U_{om} 的二次函数，令 P_{VT} 对 U_{om} 的一阶导数为零，由此可知：

当 $U_{om} = \dfrac{2V_{CC}}{\pi} \approx 0.64 V_{CC}$ 时，P_{VT} 达到最大；而当 U_{om} 由此继续增大时，P_{VT} 反而减小。总之 P_{VT} 的最大值不出现在静态时，也不出现在最大输出功率时。

$$P_{VT(\max)} = 2P_{VT_1} = \frac{2}{R_L} \left(\frac{V_{CC} U_{om}}{\pi} - \frac{U_{om}^2}{4} \right) = \frac{2}{R_L} \left(\frac{V_{CC} V_{CC}}{\pi \pi} - \frac{V_{CC}^2}{\pi^2} \right) \approx 0.2 \frac{V_{CC}^2}{R_L}$$

最大管耗与最大输出功率的关系为：$P_{VT(\max)} \approx 0.4 P_{o(\max)}$

$P_{VT_1(\max)} = P_{VT_2(\max)} \approx 0.2 P_{o(\max)}$，这是在功率放大器设计中，选择功率管的重要依据。

(2) 功率三极管其余参数的选择

① $U_{BR(CEO)}$ 的选择：

在图 4-9 中，VT_1 导通时 VT_2 截止，VT_2 所承受的最大反向电压为（$-V_{CC} - U_{om(\max)}) \approx -2V_{CC}$，同样 VT_2 导通时 VT_1 截止，VT_1 承受的最大反向电压为（$V_{CC} + U_{om(\max)}) \approx 2V_{CC}$，因此两管必须满足：$|U_{BR(CEO)}| > 2V_{CC}$。

② I_{cm} 的选择：

由 $I_{cm} = \dfrac{U_{cem}}{R_L}$ 可知 I_{cm} 最大值为 $\dfrac{V_{CC}}{R_L}$，因此两管必须满足 $I_{cm} > \dfrac{V_{CC}}{R_L}$。

③ P_{cm} 的选择：

$$P_{cm} > 0.2P_{o(max)}$$

实际设计时,各参数应留有一定的余量。

3. 典型功率放大器的介绍

功率放大器有双电源供电的 OCL 电路(无输出电容),也有单电源供电的 OTL 电路(无输出变压器)。如图 4-10 所示为单电源供电的 OTL 电路,图中 VT_1 级组成前置放大器。它工作在甲类,R_2、R_3 为它的偏置电阻,VT_2、VT_3 组成互补推挽电路输出级。

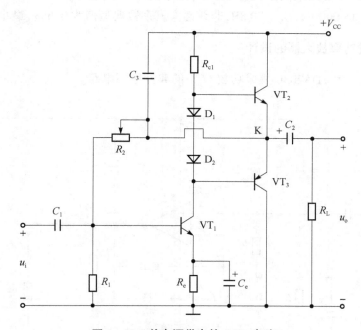

图 4-10 单电源供电的 OTL 电路

通常 $u_i = 0$ 时,只要适当调节 R_2,就可以使 I_{c1},U_{b2} 和 U_{b3} 达到所需的值,给 VT_2、VT_3 提供适当的偏置静态工作点,并使 K 点的电位 $U_K = U_C = \frac{1}{2}V_{CC}$。

当有信号 u_i 时,由于 VT_1 的倒相作用,在信号的负半周,VT_2 导通,有电流流过负载 R_L,同时向 C_2 充电;在信号 u_i 的正半周,VT_3 导通,电容 C_2 通过负载 R_L 放电。设下限频率为 f_L,电容 C_2 的大小满足 $C > (5 \sim 10)/2\pi f_L R_L$,则可以近似认为电容 C_2 对信号短路,其两端的直流电压近似为 $U_K = V_{CC}/2$。因此 VT_2、VT_3 管的供电电压均为 $V_{CC}/2$,两管轮流交替工作,负载 R_L 上可得到完整的正弦波。理想情况下,$U_{omax} \approx V_{CC}/2$。实际在 u_i 负半周期时,由于 R_{c1} 的存在,造成本级推动电压 U_{b2} 始终小于 V_{CC}。

通过查资料可以选用集成功率放大器 TDA2030,它的特点有:开机冲击极小。

外接元件非常少。TDA2030 输出功率大,$P_o = 18$ W($R_L = 4$ Ω)。采用超小型封装(TO-220),可提高组装密度。TDA2030 能在最低 ±6 V,最高 ±22 V 的电压下工作。在 ±19 V、8 Ω 阻抗时能够输出 16 W 的有效功率,THD < 0.1%。内含各种保护电路,因此工作安全可靠。主要保护电路有:短路保护、热保护、地线偶然开路、电源极性反接($V_{smax} = 12$ V)以及负载泄放电压反冲等。

输出功率典型值:当 $C > (5 \sim 10)/2\pi f_L R_L$,$R_L = 4$ Ω 时,$P_o = 14$ W,当 $R_L = 8$ Ω 时,$P_o = 9$ W;非线性失真:当 $P_o = 0.1 \sim 12$ W 时,$R_L = 4$ Ω,$f = 40 \sim 15\,000$ Hz,$G_V = 30$ dB,非线性失真系数典型值为 0.5%,最小为 0.2%;当 $P_o = 0.1 \sim 8$ W 时,$R_L = 8$ Ω,$f = 40 \sim 15\,000$ Hz,$G_V = 30$ dB,非线性失真系数典型值为 0.5%,最小为 0.2%。

4. 集成功率放大器的设计

图 4-11 为 TDA2030 集成功放 OTL 的典型应用电路。

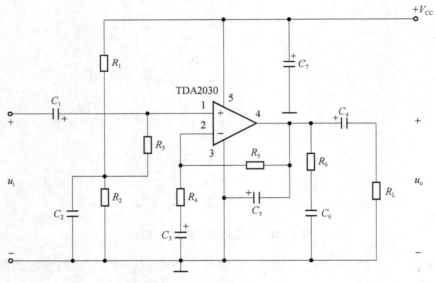

图 4-11　集成功放 OTL 电路

(1) 电源电压 V_{CC} 的确定

该电路为单电源供电,根据已知条件给定 P_o、R_L 即可确定 U_o,设计适当,留有余量。

$$U_o = \left(\frac{P_o}{R_L}\right)^{\frac{1}{2}}$$

根据放大器的工作原理,V_{CC} 应满足:$V_{CC} \geq 2\sqrt{2}\, U_o$。

负载电流最大值 $I_{LM} = \sqrt{2}\,\dfrac{U_o}{R_L}$,因为 TDA2030 内的末级工作状态接近乙类,所

以电源平均电流为:$I_{CC} = 0.319 I_{LM}$。

（2）直流偏置电路

TDA2030 可用正负电源供电,也可用单电源供电。当用单电源供电时,其输出端的直流电压为 $V_{CC}/2$,通过反馈电阻 R_5 使反相端的电压也为 $V_{CC}/2$。为使同相输入端与反相输入端的直流电压对称,用 R_1 和 R_2 对 V_{CC} 分压取得 $V_{CC}/2$,经 R_3 加到同相输入端。

偏置电阻一般为 12 kΩ 到几百兆欧,阻值太小,电源损耗大；阻值太大,集成块的失调电流将不可忽略。电容 C_2 为旁路电容,应保证在电源频率上 C_2 的容抗远小于 R_2 的值。

（3）交流工作状态及元件参数确定

该电路采用同相输入,故输入阻抗高,对信号源电压衰减小。C_5、R_6、C_6 均用于消除自激振荡,R_1、R_2、R_4、R_6、C_3 组成交流负反馈,反相输入端与同相输入端直流等效电阻应相等。

故有:$R_5 = R_3 + R_1 // R_2$ $A_V = 1 + \dfrac{R_5}{R_4}$

根据上两式可确定 R_4、R_5 的阻值。C_4、C_1 由下面两式决定。

$$C_4 \geq \frac{1}{2\pi f_L R_L}, \quad C_1 \geq \frac{1}{2\pi f_L R_3}$$

5. 画出整机电路图

以 TDA2030 集成功放以及外围元件构成的功率放大器的整机电路如图 4-12 所示。

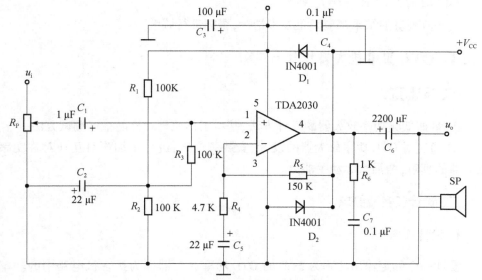

图 4-12　集成功率放大器设计图

6. 电路焊接、制作与调试

功率管或集成放大器必须安装在足够大的散热片上并固定紧,否则管子的功耗得不到有效散发容易被烧坏。散热器件应远离其他器件,连接导线应尽可能短,否则易产生自激。

(1) 静态测试

接通电源前先将输入端短路接地,以免感应信号使静态电流过大。

接通电源后,电流表的指示应很小。测量各管脚电压是否正常,例如 TDA2030 的同相输入端、反相输入端和输出端的直流电压应约等于 $V_{CC}/2$。为使电路安全工作,也可以先降低电源电压测试,待电路正常后再将 V_{CC} 调到规定值。

(2) 动态测试

① 电压增益 A_u:

调节 u_i 使 u_o 波形处于最大不失真状态,测出此时的 U_i、U_o 的大小。$A_u = \dfrac{U_o}{U_i}$,若 A_u 偏小,可适当减小 R_4。

② 输出功率 P_o。

③ 直流功率。

④ 效率。

⑤ 用失真度测试仪测出失真系数(可用示波器观察输出波形是否失真)。

⑥ 测量幅频特性:

为避免大信号时非线性失真对幅频特性的影响,可以用小信号进行测量。确定 -3 dB 时的上、下限频率 f_H 和 f_L。

以上所测量的结果都应满足技术指标,否则进行调整。

4.3.4 OTL 功率放大器设计

一、设计目的

① 掌握低频功率放大器的设计方法、基本工作原理和性能指标测试方法。

② 通过对 OTL 功率放大器的设计、安装和调试,进一步加深对互补对称功率放大器的理解,增强实际动手能力。

二、设计任务及要求

1. 设计任务

设计一个额定输出功率为 5 W 的 OTL 功率放大器作为扩音机电路中的功率输出级。

2. 设计要求

① 额定输出功率：$P_o = 5$ W。
② 负载电阻：$R_L = 8$ Ω。
③ 频率响应：$f_L = 100$ Hz，$f_H = 2$ kHz。
④ 信号源内阻：$R_S = 2$ kΩ。
⑤ 电路电压增益：$A_u \geq 40$，输入 $u_i \leq 160$ mV。

三、设计过程

1. 提出方案

根据设计任务及要求，可以选用两种设计方案，一种是由分立元件组成的 OTL 功率放大器，另一种是由集成电路构成的集成功率放大器，其中集成功率放大器在前面的设计项目中已涉及。所以在这里主要是采用有分立元件组成的 OTL 功率放大器，这样不仅可以培养学生的动手能力，而且分立元件电路的装调更适合锻炼学生亲自动手解决实际问题的能力。

由分立元件组成的 OTL 功率放大器的原理框图如图 4-13 所示。

图 4-13 OTL 功率放大器的原理框图

分立元件 OTL 功率放大器由三级放大电路组成，第一级为前置放大器，采用分压式电流负反馈共射放大电路，属于小信号输入放大级；第二级为推动级，仍属于小信号放大电路，但其输出功率要比输入级高，所需静态电流也相应增大；第三级采用复合管组成的 OTL 互补对称功率放大输出级，属于大信号放大电路。此方案共采用 6 只晶体管，在电路中采用深度电压串联负反馈可使增益达到技术指标要求，合理选择电路中的元件和电源电压，是不难达到其他技术要求的。

根据查阅资料，得到一个较为理想的 OTL 功放电路，如图 4-14 所示。

图中 VT_1、R_1、R_{P1}、R_2、R_3、R_4、R_5、C_1、C_2、C_3 和 C_4 等组成的共射放大电路是前置放大器，它采用分压式电流负反馈偏置电路。电源 V_{CC} 经 R_{17} 降压后为 VT_1 供电，即 $V'_{CC} = V_{CC} - I_{C1}R_{17}$。$VT_2$、$R_6$、$R_{P4}$、$R_7$、$R_8$、$R_9$、$D_1$、$D_2$、$R_{P3}$、$R_{10}$、$C_5$、$C_6$ 和 C_7 组成推动级电路，它承担向功率输出级提供足够的推动电流的任务。VT_3 和 VT_4 组成 NPN 型复合管，VT_5 和 VT_6 组成 PNP 型复合管，与 R_{11}、R_{12}、R_{13}、R_{14}、C_8 共同组成的互补对称电路是该功放电路的输出级，它具有向负载输出信号功率的任务。

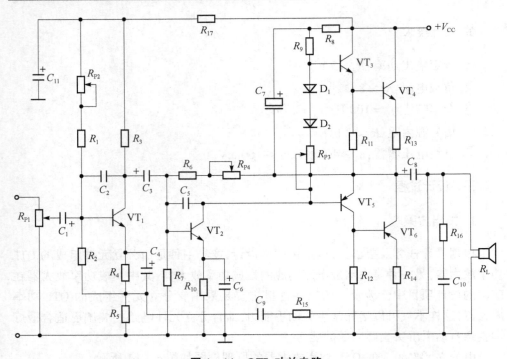

图 4-14 OTL 功放电路

2. 参数计算及元器件的选择

(1) 电源电压 V_{CC} 的选择

由输出功率 $P_o = 5\ W$、负载电阻 $R_L = 8\ \Omega$ 来确定 V_{CC}。

因为 $P_o = \dfrac{1}{2}U_{om}I_{cm} = \dfrac{V_{om}^2}{2R_L}$,$P_o = 5\ W$,$R_L = 8\ \Omega$

所以 $U_{om} = \sqrt{2P_o R_L} = \sqrt{2 \times 5 \times 8} \approx 9(V)$

有效值 $U_o = U_{om}/\sqrt{2} = \sqrt{P_o R_L} = 6.3(V)$

应选 $V_{CC} \geqslant 2U_{om} = 18\ V$

由于 OTL 功率放大器的额定输出功率要低,即 $P_{omax} > P_o$,因此最大输出电压振幅值比输出电压振幅值要大,即 $U_{omax} > U_{om}$。而在输出电压为最大值时,VT_4 和 VT_6 接近饱和,参考到管子的饱和压降和发射极电阻的压降,V_{CC} 应大于 $2U_{omax}$,因此可选电源电压 $V_{CC} = 24\ V$。

(2) 估算功率输出级电路

① 估算复合管中的输出大功率管 VT_4 和 VT_6。

选择大功率管要考虑晶体管的 3 个极限参数:基极开路、集电极—发射极间的最大反向击穿电压 $U_{(BR)CEO}$;最大允许集电极电流 I_{CM};集电极最大允许耗散功率 P_{CM}。

由已确定的 V_{CC},并设 $U_{CE(sat)} \approx 0$,$R_{13} = R_{14} \approx 0$ 可得 VT_4 和 VT_6 管截止时承受

的最大反向电压为 $U_{CEmax} \approx V_{CC} = 24 \text{ V}$。

忽略管子的饱和压降以及 R_{13} 和 R_{14} 上的压降，每管流过的最大集电极电流为

$$P_{omax} = \frac{1}{2}I_{CM}R_L \approx \frac{V_{CC}^2}{8R_C} = 9 \text{ W}$$

$$I_{cmmax} = V_{CC}/(2R_L) = \frac{24 \text{ V}}{16 \text{ }\Omega} = 1.5 \text{ A}$$

$$I_{cm3max} = I_{cm5max} > 25 \text{ mA}$$

$$U_{CE3max} = U_{CE5max} \approx V_{CC} = 24 \text{ V}$$

求单管的最大集电极耗散功率，在忽略管子的饱和压降以及 R_{13} 和 R_{14} 上的压降时，最大输出功率为：P_{omax}，VT_4 和 VT_6 两管在推挽工作时，单管的最大集电极功耗为：$P_{C4max} = P_{C6max} = 0.2P_{omax} = 1.8 \text{ W}$。

根据功率管的极限参数查元器件表，选择 VT_4 和 VT_6。选择合适的大功率管，其极限参数应满足：

$$U_{(BR)CEO} > U_{CEmax} = 24 \text{ V}$$

$$I_{cm} > I_{Cmax} = 1.5 \text{ A}$$

$$P_{cm} > P_{C4max} = 1.8 \text{ W}$$

互补对称电路要求两个输出管参数对称，因此 VT_4 和 VT_6 可选用 h_{fe} 值相等的同型大功率三极管。查元器件表，VT_4 和 VT_6 可选用 3DD53A 硅大功率三极管，其参数：$U_{(BR)CEO} \geq 30 \text{ V}$，$I_{cm} = 2 \text{ A}$，$P_{cm} = 5 \text{ W}$，满足设计要求，并经测试取 $\beta_4 = \beta_6 = 60$。大功率三极管在工作时还要考虑散热问题，所以应根据管子的大小选择合适的散热片。

互补对称电路工作于甲乙类状态时，静态集电极电流一般为几十毫安。设 VT_4 和 VT_6 静态集电极电流 $I_{C4} = I_{C6} = 20 \text{ mA}$。

由静态集电极电流和管子的 h_{fe} 值可求得 VT_4 和 VT_6 的静态基极电流为

$$I_{B4} = I_{B6} = I_{C4}/h_{fe} = 20 \text{ mA}/60 = 0.33 \text{ mA}$$

由上面计算得出 $I_{cmmax} = 1.5 \text{ A}$，可以得到 i_{c4} 和 i_{c6} 的变化范围为 20 mA～1.5 A，相应的 i_{b4} 和 i_{b6} 的变化范围为 0.33～25 mA。

② 选择复合管中的小功率输入管 VT_3 和 VT_5。

复合管的类型由其中的小功率管决定，VT_3、VT_4 组成 NPN 型复合管，VT_5 和 VT_6 组成 PNP 型复合管，故可知 VT_3 为 NPN 型复合管，而 VT_5 为 PNP 型复合管。

由 i_{b4} 和 i_{b6} 的变化范围，可求出 VT_3 和 VT_5 能提供的最大集电极电流为 $I_{cmmax} = I_{cmmax} > 25 \text{ mA}$；

VT_3 和 VT_5 截止时承受的最大反向电压为：

$$U_{CE3max} = U_{CE4max} \approx V_{CC} = 24 \text{ V}$$

VT_3 和 VT_5 的最大管耗为：

$$P_{C4max} = P_{C5max} \geq P_{C4max}/h_{fe4} = 1.8 \text{ W}/60 = 30 \text{ mW}$$

按 $I_{cm} > I_{C3max} > 25 \text{ mA}$；$U_{(BR)CEO} > U_{CE3max} \approx 24 \text{ V}$；$P_{cm} > P_{C3max} \geq 30 \text{ mW}$。且留有一

定的余量，查元器件表，VT_3 可选 3DG4A，其参数为：$U_{(BR)CEO} \geqslant 30\ V$，$I_{cm} = 30\ mA$，$P_{cm} = 300\ mW$，满足设计要求。$VT_5$ 可选 3CG3B，其参数为：$U_{(BR)CEO} \geqslant 30\ V$，$I_{cm} = 30\ mA$，$P_{cm} = 300\ mW$，满足设计要求。并经测试取 $\beta_3 = \beta_5 = 60$。

③ 选择 R_{11}、R_{12}、R_{13}、R_{14}。

R_{11}、R_{12}、R_{13}、R_{14} 是保护输出级的，同时又希望它们本身消耗的功率尽可能小。

选择 R_{13} 和 R_{14}：通常取 $R_{13} = R_{14} < \frac{1}{10}R_L = 0.8\ \Omega$；故可取 $R_{13} = R_{14} = 0.5\ \Omega$。

选择 R_{11} 和 R_{12}：应使 VT_3 和 VT_5 的输出电流的大部分都注入 VT_4、VT_6 的基极，可选：

$$R_{11} = R_{12} > 2r_{i4} = 2[r_{be4} + (1 + h_{fe4})R_{13}]$$
$$\approx 2\left[(1 + h_{fe4})\frac{26\ mV}{I_{E4}(mA)} + (1 + h_{fe4})R_{13}\right]$$
$$= 2\left[61 \times \frac{26\ mV}{20\ mA} + 61 \times 0.5\ \Omega\right] = 220\ \Omega$$

大功率管 VT_4 的输出电阻 r_{be4} 可用下式估算：

$$r_{be4} = r'_{bb} + (1 + h_{fe4})\frac{26\ mV}{I_{EQ4}(mA)} \approx (1 + \beta_4)\frac{26\ mV}{I_{EQ4}(mA)} = 79.3\ \Omega$$

同时上下臂对称，选 $R_{11} = R_{12} = 300\ \Omega$。

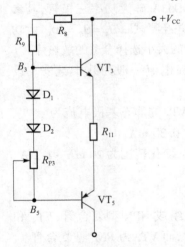

图 4-15 VT_3、VT_5 静态工作点及其偏置电路

④ 计算 VT_3、VT_5 静态工作点及其偏置电路，电路如图 4-15 所示。

$$I_{R11} = U_{R11}/R_{11} = \frac{I_{C4}R_{13} + U_{BE4}}{R_{11}} = 2.37(mA)$$

$$I_{C3} = I_{R11} + I_{B4} = 2.37 + 0.33 = 2.7(mA)$$

$$I_{B3} = I_{B5} = I_{C3}/\beta_3 = 2.7/60 = 0.045(mA)$$
$$= 45(\mu A)$$

$$U_{B3} = U_K + U_{R11} + U_{BE3}$$
$$= 12\ V + I_{C4}R_{13} + U_{BE4} + U_{BE3}$$
$$= 12 + 0.01 + 0.7 + 0.7 = 13.4(V)$$

$$U_{B3B5} = U_{B3} - U_{B5} = 13.4 - 11.3 = 2.1(V)$$

VT_3、VT_5 基极的偏置电路如图 4-15 所示，其中 D_1 和 D_2 可选 2CP10，其正向导通压降为 0.7 V，两只二极管串联后的压降为 1.4 V，设 VT_3 管静态集电极电流为 3 mA，而 R_{P3} 的阻值为：$R_{P3} = U_{RP3}/I_{C3} = 0.7\ V/3\ mA = 0.23\ k\Omega = 230\ \Omega$

可暂选 $R_{P3} = 470\ \Omega$ 的电位器，待调试后再定 R_{P3}。

(3) VT_2 管工作状态及偏置电路计算

① 确定 VT_2 静态集电极电流。

VT$_2$ 接成共射放大电路,工作于甲类放大状态。为保证 VT$_3$ 和 VT$_5$ 有足够的推动电流要求:$I_{CQ2} \gg I_{B3max} \geq I_{C3max}/\beta_3 = 25 \text{ mA}/60 = 0.42 \text{ mA}$

一般可取 $I_{CQ2} = 2 \sim 10 \text{ mA}$,这里取 $I_{CQ2} = 3 \text{ mA}$。VT$_2$ 可选 3DG 系列高频小功率管,设管子的 $\beta_2 = 60$,则 $I_{BQ2} = I_{CQ2}/\beta_2 = 0.05 \text{ mA}$。

② 确定 R_8、R_9。

R_8 和 C_7 组成自举电路,而 $R_8 + R_9$ 是 VT$_2$ 的集电极负载电阻、忽略 I_{BQ2} 和 I_{BQ3},则 VT$_2$ 的静态集电极电流 I_{CQ2} 全部流过 R_8 和 R_9,则有

$$R_8 + R_9 = \frac{V_{CC} - U_{B3}}{I_{CQ2}} = \frac{24 \text{ V} - 13.4 \text{ V}}{3 \text{ mA}} = 3.5 \text{ k}\Omega$$

可取 $R_8 = 1 \text{ k}\Omega$, $R_9 = 2.7 \text{ k}\Omega$。

③ 确定 R_{10}、R_6 和 R_7。

确定 R_{10}:一般求发射极电阻 R_E 时可取 $U_E \approx (0.2 \sim 0.3) V_{CC}$ 或取 $U_E = 3 \sim 5 \text{ V}$(硅管),这里取 $U_E = 3 \text{ V}$,则可求得:

$$R_{10} = U_{E2}/I_{E2} \approx U_{E2}/I_{C2} = 3 \text{ V}/3 \text{ mA} = 1 \text{ k}\Omega$$

确定 R_6 和 R_7:$R'_6 = R_6 + R_{P4}$,流过 R'_6 的电流 I'_{R6} 应大于或等于 $(5 \sim 10) I_{BQ2}$,取 $I'_{R6} = 10 I_{BQ2} = 0.5 \text{ mA}$,则

$$R'_6 = (U_K - U_{B2})/I'_{R6} = (12 \text{ V} - 3.7 \text{ V})/0.5 \text{ mA} \approx 16.6 \text{ k}\Omega$$

R'_6 可用 $R_6 = 10 \text{ k}\Omega$ 的电阻和 $R_{P4} = 27 \text{ k}\Omega$ 的电位器串联代替。

对于 R_7:因为 $\dfrac{R_7 \times U_K}{R_7 + R'_6} = U_K - I'_{R6} \times R'_6 = 12 - 0.5 \times 16.6 = 3.7 \text{(V)}$

所以 $R_7 = \dfrac{3.7 \times 16.6 \text{ k}\Omega}{8.3} = 7.4 \text{ k}\Omega$,取 $R_7 = 7.5 \text{ k}\Omega$。

④ VT$_1$ 管工作状态及偏置电路计算。

VT$_1$ 接成共射电路,工作于甲类工作状态。可取 3DG 系列高频小功率管,设 VT$_1$ 的 $\beta_1 = 60$。

确定 R_4 和 R_5:选 VT$_1$ 的静态集电极电流 $I_{CQ1} = 2 \text{ mA}$,V_{CC} 通过 R_{17} 降压后为 V'_{CC},V'_{CC} 为 VT$_1$ 供电,忽略 I_{B1},并取 $R_{17} = 2 \text{ k}\Omega$,则

$$V'_{CC} = V_{CC} - I_{CQ1} R_{17} = 20 \text{ V}$$

取 $U_{E1} = 0.2 V'_{CC} = 0.2 \times 20 = 4 \text{ V}$ 则有

$$R_4 + R_5 \approx U_{E1}/I_{CQ1} = 4 \text{ V}/2 \text{ mA} = 2 \text{ k}\Omega$$

本电路中选 $R_4 = 2 \text{ k}\Omega$, $R_5 = 150 \text{ }\Omega$。

确定 $R'_1 (R'_1 = R_1 + R_{P2})$ 和 R_2:R'_1 和 R_2 的计算方法与 R'_6 和 R_7 相同, $U_{B1} = U_{E1} + U_{BE1} = 4.7 \text{ V}$,忽略 R_5 的压降,则

$$I'_{R1} = 10 I_{BQ1} = 10 \times 2 \text{ mA}/60 = 0.33 \text{ mA}$$

$$R_2 = U_{B1}/I'_{R1} = 4.7 \text{ V}/0.33 \text{ mA} \approx 14.2 \text{ k}\Omega$$

$$R'_1 = (V'_{CC} - U_{B1})/I'_{R1} = (20 \text{ V} - 4.7 \text{ V})/0.33 \text{ mA} \approx 46.4 \text{ k}\Omega$$

本电路中取 $R_2 = 10\ \text{k}\Omega$，R'_1 用 $R_1 = 30\ \text{k}\Omega$ 的电阻和 $R_{P2} = 47\ \text{k}\Omega$ 的电位器串联代替。

确定 R_3：R_3 是 VT_1 的集电极负载电阻。由输出幅度及最大不失真要求，可求出 U_{CEQ1}：$U_{CEQ1} \approx U_{CEm} \approx \dfrac{V'_{CC} - U_{E1}}{2} = \dfrac{20\ \text{V} - 4\ \text{V}}{2} = 8\ \text{V}$

即 $R_3 = \dfrac{V'_{CC} - U_{CEQ1} - U_{E1}}{I_{CQ1}} = \dfrac{20\ \text{V} - 8\ \text{V} - 4\ \text{V}}{2\ \text{mA}} = 4\ \text{k}\Omega$

本电路取 $R_3 = 4.3\ \text{k}\Omega$。

⑤ 求 R_{15} 和 C_9。

加 R_{15} 和 C_9 支路可实现深度负反馈。由于输出 u_o 和输入 u_i 是同相的，在 R_5 上得到的反馈电压 u_f 上端为正，下端为负，u_f 正比于 u_o，此反馈为电压串联负反馈：

$$A_{uf} = \dfrac{1}{F} = \dfrac{R_{15} + R_5}{R_5} \geqslant 40$$

$$R_{15} \geqslant 40R_5 - R_5 = 39R_5 = 39 \times 150\ \Omega = 5.85\ \text{k}\Omega$$

可取 $R_{15} = 6.8\ \text{k}\Omega$，$C_9 = 0.047\ \mu\text{F}$ 的电容。

在模拟电路的理论学习中，已知只有当反馈深度 $(1 + A_u F) \gg 1$ 时电路才为深度负反馈，关于电路的增益问题不在此推导。待电路设计完成后，再调试和调整使 $A_u F$ 满足设计要求。

⑥ 选择电路中的电容元件。

耦合电容及发射极旁路电容的选择：如图 4-16 所示为单级分压式电流负反馈偏置稳定共射放大电路。电路中的耦合电容 C_1、C_2 和发射极旁路电容 C_E 可按下列式子选择：

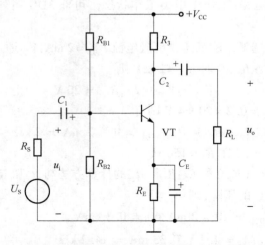

图 4-16 单级分压式电流负反馈偏置稳定共射放大电路

$$C_1 = (5 \sim 10) \frac{1}{2\pi f_L (R_S + R_{B1} /\!/ R_{B2} /\!/ r_{be1})}$$

$$C_2 = (5 \sim 10) \frac{1}{2\pi f_L (R_C + R_L)}$$

$$C_E = (5 \sim 10) \frac{1+\beta}{2\pi f_L (r_{be} + R_{B1} /\!/ R_{B2} /\!/ R_S)}$$

电容元件的耐压值视其在电路中所处的位置而定。

计算 VT_1 的 r_{be1}：

$$r_{be1} = 300\ \Omega + 61 \times 26\ \text{mV}/2\ \text{mA} \approx 1.1\ \text{k}\Omega$$

计算 VT_2 的 r_{be2}：

$$r_{be2} = 300\ \Omega + 61 \times 26\ \text{mV}/3\ \text{mA} \approx 0.83\ \text{k}\Omega$$

然后可求得：

$$R_{L1} = r_{i2} = R_6 /\!/ R_7 /\!/ r_{be2} \approx r_{be2} = 0.83\ \text{k}\Omega$$

$$R_{B2} /\!/ R_{B2} /\!/ R_5 = 2\ \text{k}\Omega$$

由所求的 r_{be1}、r_{be2} 及已知的 R_S 和 f_L 可计算出：

$$C_1 = (5 \sim 10) \frac{1}{2\pi f_L (R_S + R_{b1} /\!/ R_{b2} /\!/ r_{be1})} = (2.57 \sim 5.14)\ \mu\text{F}$$

$$R_S /\!/ R_{b1} /\!/ R_{b2} \approx R_S = 2\ \text{k}\Omega$$

取 $C_1 = 4\ \mu\text{F}/16\ \text{V}$，则

$$C_2 = (5 \sim 10) \frac{1}{2\pi f_L (R_3 + R_{L1})} = (1.6 \sim 3.2)\ \mu\text{F}$$

取 $C_2 = 2\ \mu\text{F}/16\ \text{V}$，则

$$C_4 = (5 \sim 10) \frac{1+\beta_1}{2\pi f_L (r_{be1} + R_S)} = (157 \sim 314)\ \mu\text{F}$$

取 $C_4 = 200\ \mu\text{F}/10\ \text{V}$，则

$$C_6 = (5 \sim 10) \frac{1+\beta_2}{2\pi f_L (r_{be2} + R_3)} = (95 \sim 190)\ \mu\text{F}$$

取 $C_6 = 100\ \mu\text{F}/10\ \text{V}$，则

$$C_8 = (5 \sim 10) \frac{1}{2\pi f_L R_L} = (995 \sim 1990)\ \mu\text{F}$$

取 $C_8 = 10\ \mu\text{F}/35\ \text{V}$。

确定自举电容 C_7：

$$C_7 = (5 \sim 10) \frac{1}{2\pi f_L R_8} = (8 \sim 16)\ \mu\text{F}$$

为留有一定的余量，可取 $C_7 = 100\ \mu\text{F}/35\ \text{V}$。

⑦ 电路中其他元器件的选取

C_{11} 为电源退耦滤波电容，可取 $C_{11} = 47\ \mu\text{F}/35\ \text{V}$，$C_2$、$C_5$ 可取 $100\ \text{pF}$，C_{10} 可取

0.47 μF，C_9 可取 0.047 μF，R_6 可取 10 Ω，R_{P2} 可取 10 kΩ 的电位器。

3. 画出整机电路图

OTL 功率放大器整机电路如图 4-17 所示。

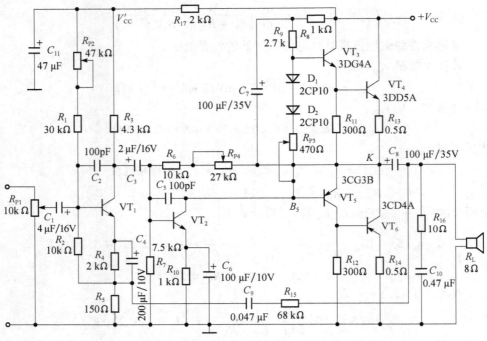

图 4-17 OTL 功率放大器整机电路

4. 电路的焊接、制作与调试

电路设计完成后，按照整机电路进行组装焊接、调试和测试，以发现设计中存在的缺陷，并通过改进最终达到设计要求。

在电路板上按照电路图组装焊接电路。在焊接电路之前应该用万用表对所用晶体管等元器件进行检查。

电路调试过程如下：

① 静态测试电路各点直流电位是否正常。
② 用示波器观察电路输出波形是否失真。
③ 逐级检查并测试各部分电路及整机电路的性能指标是否达到设计要求。

4.3.5 楼道路灯开关电路设计

一、设计目的

① 掌握楼道路灯开关电路的工作原理。

② 掌握路灯开关电路的设计、组装和调试方法。

二、设计任务及要求

1. 设计任务

设计路灯开关电路。

2. 设计要求

① 普通讲话声、敲击声、拍掌声使路灯亮。
② 灯亮 15s 后自动熄灭。
③ 白天灯不亮。

三、设计过程

1. 电路组成

楼道路灯开关电路由驻极体话筒电路、放大电路、延时电路、电源电路和执行元器件等组成。原理框图如图 4-18 所示。

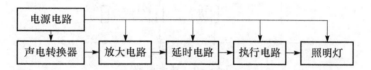

图 4-18 楼道路灯开关控制电路原理框图

用声光控延时开关代替住宅小区楼道上的开关,只有在天黑以后,当有人走过楼梯通道,发出脚步声或其他声音时,楼道路灯就会自动点亮,提供照明。当人们进入家门或走出公寓,楼道路灯延时一定时间后会自动熄灭。在白天,即使有声音,楼道路灯也不会亮,这样可以达到节能的目的。声光控延时开关不仅适用于住宅区的楼道,而且也适用于工厂、办公楼、教学楼等公共场所,它具有体积小、工作可靠等优点。

2. 单元电路设计

（1）驻极体话筒电路

驻极体话筒具有体积小、结构简单、电声性能好,价格低等特点,广泛应用于盒式录音机、无线话筒及声控灯电路中,属于最常用的电容话筒。驻极体话筒作为声电转换器件,当普通话的讲话声、拍击声作用它时能使话筒输出 1~10 mV 的电信号,由该信号送给后级放大电路。电路中采用的驻极体话筒选用的是一般收录机用的小话筒。它的测量方法是:用 $R \times 100$ 挡将红表笔接外壳的 S、黑表笔接 D,这时用口对着驻极体吹气,若表针有摆动说明该驻极体完好,摆动越大灵敏度越高。

(2) 放大电路

驻极体话筒输出的电信号较微弱,必须经过放大电路进行 60 dB 的放大,才能控制后面的开关,所以采用两级放大电路,且工作于开关状态(因用作开关信号)。一方面,满足约 60 dB 的增益要求;另一方面,还会增加放大的稳定性。另外,要求白天灯不亮,可以用光敏电阻或光敏二极管作为放大器的偏置电阻,白天光敏电阻阻值小,基极电流大,会使晶体管处于深度饱和状态,致使话筒传过来的声音信号,不能使其退出饱和而达到放大的目的。放大电路如图 4-19 所示。光敏电阻选用的是 625A 型,有光照射时电阻为 20 kΩ 以下,无光时电阻值大于 100 MΩ,说明该元件是完好的。

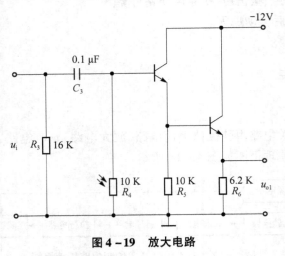

图 4-19 放大电路

(3) 延时电路

延时及开关电路如图 4-20 所示,由 RC、555 时基电路组成。因楼道路灯的功

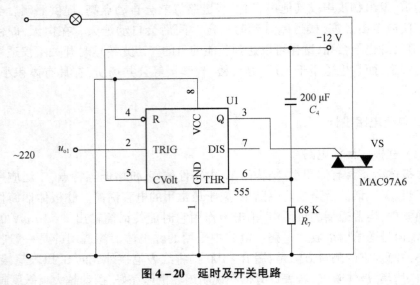

图 4-20 延时及开关电路

率不大,又是电阻性负载,选用可控硅 VS 为开关执行元件。可控硅其最大触发电流≥10 mA,选用 MOS 型门,触发器或 555 时基电路作为信号处理器件均能满足输出电流的要求。另外,MOS 器件延时较长,电容充、放电阻较大,一般双极性器件不能使用大的充电电阻。

(4) 电源电路

电源电路如图 4-21 所示电源电路选用电容 C_1 降压,整流滤波电路采用半波整流电容滤波,其中 D_2 是整流二极管,D_1 是保护二极管,给正向电压提供通路,C_2 是滤波电容,稳压电路采用稳压二极管 D_Z 进行稳压。电源电路为其他电路提供 -12 V 的工作电压。

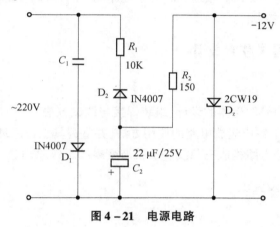

图 4-21 电源电路

(5) 执行元件

楼道路灯功率不大,电流小且为电阻性负载,可选用可控硅,即 1 / 400 V 的双向可控硅作为执行元件。

2. 画出楼道路灯控制电路的整机电路

楼道路灯开关电路的整机电路如图 4-22 所示。

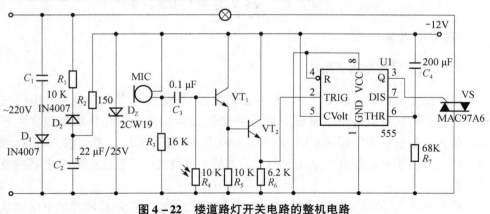

图 4-22 楼道路灯开关电路的整机电路

四、电路的焊接、制作与调试

调试前,先将焊好的电路板对照整机电路图认真核对一遍,不要让错焊、漏焊、虚焊等现象发生。通电后,人体不允许接触电路板的任一部分,防止静电,注意安全。如用万用表检测,用两表笔接触相应电路板即可。

① 电路调试。接通电源,测量整流、滤波、稳压电路输出是否为 -12 V 电压。

② 增益测量。断开 555 电路 2 脚和驻极体话筒,在两极放大器输入端加上大于 1 mV 的电压信号,测量 VT$_2$ 集电极输出电压,是否满足 60 dB 增益要求。

③ 开关控制电路测试。接通 555 时基电路的 2 脚,接通 220 V 电源,观察照明灯是否受控制信号控制。

4.3.6 函数信号发生器设计

一、设计目的

① 掌握函数信号发生器的设计、组装焊接与调试方法。
② 熟悉 μA741 集成运放电路的使用方法,并掌握其工作原理。
③ 掌握用差分电路构成三角波—正弦波变换的工作原理。

二、设计任务及要求

1. 设计任务

方波—三角波—正弦波发生器。

2. 设计要求

① 输出波形:正弦波、方波、三角波。
② 频率范围:10 Hz ~ 10 kHz。
③ 方波 $U_{P-P} < 24$ V,三角波 $U_{P-P} < 8$ V,正弦波 $U_{P-P} > 1$ V。

三、设计步骤

1. 函数信号发生器的组成

函数信号发生器一般指能自动产生正弦波、三角波、方波等电压波形的电路或仪器。电路形式可以采用运放及分立元件构成;也可以采用单片集成函数发生器及外围元件组成。根据用途不同,有产生 3 种或多种波形的函数发生器,本设计课题介绍的是由集成运放及分立元件构成的方波—三角波—正弦波函数发生器的设计方法。

产生方波、三角波和正弦波的方案很多,如首先产生正弦波,然后通过电压比较器进行波形变换,把正弦波转换成方波,再通过积分电路将方波转换成三角波;也可以首先产生方波、三角波,然后再将三角波变成正弦波或将方波变换成正弦波;或采用一片能同时产生上述三种波形的专用集成电路芯片(ICL8038、MAX038等)。

2. 三角波变换成正弦波

由集成运放及分立元件构成,方波—三角波—正弦波函数发生器电路组成框图如图4-23所示,这里只介绍用差分电路实现三角波转换成正弦波的电路。

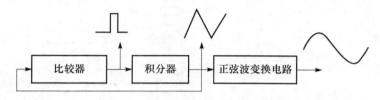

图4-23 方波—三角波—正弦波函数发生器电路组成框图

波形变换的原理是利用差分放大电路传输特性曲线的非线性来实现的,波形变换过程如图4-24所示。由图可见,传输特性曲线越对称,线性区域越窄越好;三角波的幅度 u_{im} 应正好使晶体管接近饱和区或截止区。电路如图4-25是用差分放大器构成的三角波——正弦波转换电路,其中 R_{P1} 调节三角波的幅度,R_{P2} 调整电路的对称性,其并联电阻 R_{e2} 用来减小差分放大器的线性区,电容 C_1、C_2、C_3 为隔直电容,以滤除谐波分量,改善输出波形。

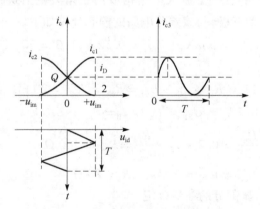

图4-24 三角波—正弦波变换原理

3. 单元电路设计元器件的选择

本次设计的函数信号发生器由3部分电路组成:正弦波信号产生电路;三角波信号产生电路;方波信号产生电路。

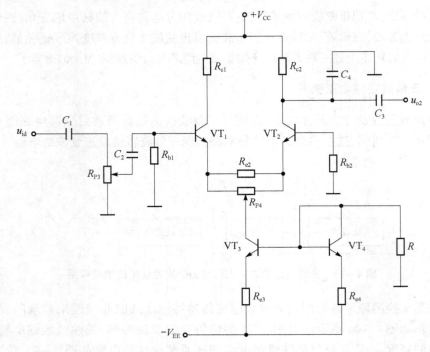

图 4-25 三角波—正弦波变换电路

(1) 正弦波部分

在图 4-25 所示的有差分放大电路构成的三角波—正弦波变换电路,$VT_1 \sim VT_4$ 选取 KSP2222A 型三极管,该差分电路的静态计算如下。

$$I_C = 5 \text{ mA}, \quad V_{CC} = 0.12 \text{ V}, \quad \beta = 20$$

由直流通路得

$$12 = R_{c1} \times I_C + U_{CE} \Rightarrow R_{c1} = R_{c2} = 20 \text{ k}\Omega$$

$$0.7 \text{ V} = U_{B2} = R_{b2} \times I_B \Rightarrow R_{b2} = 6.8 \text{ k}\Omega$$

$$\frac{U_{o2}}{2} = 0.7 + I_E \times \frac{R_{P4}}{2} \Rightarrow R_{P4} = 100 \text{ }\Omega$$

$$R_{e4} = R_{e3} = 2 \text{ k}\Omega, \quad R = 8 \text{ k}\Omega$$

(2) 方波与正弦波部分的参数确定

$$T = \frac{4R_4 \times (R_4 + R_{P2}) \times C}{R_3 + R_{P1}} = \frac{1}{f}, 可见 f 与 C 成正比,若要得到 1 \sim 10 \text{ kHz}, C = 10 \text{ μF}; 10 \sim 100 \text{ Hz}, C = 1 \text{ μF}。$$

$$R_4 + R_{P2} = 7.5 \sim 75 \text{ k}\Omega, \quad R_4 = 5.1 \text{ k}\Omega;$$

则 $R_{P2} = 2.4 \text{ k}\Omega$,或者 $R_{P2} = 69.9 \text{ k}\Omega$;

所以 $R_{P2} = 100 \text{ k}\Omega$

因为 $V_{三角} = \dfrac{R_2}{R_3 + R_{P1}} V_{方波}$，则输出的三角波幅值与输出方波的幅值分别为 5 V 和 14 V，则有

$$5 = \dfrac{R_2}{R_3 + R_{P1}} 14 \Rightarrow \dfrac{R_2}{R_3 + R_{P1}} = \dfrac{5}{14}$$

所以 $R_2 = 10 \text{ k}\Omega$，$R_{P1} = 47 \text{ k}\Omega$，$R_3 = 20 \text{ k}\Omega$。

方波的上升时间为几毫秒，查询运算放大器的速度可以选择 μA741 或 LM358。所以

$$R_1 = R_2 /\!/ (R_3 + R_{P1}) \approx 10 \text{ k}\Omega$$
$$R_5 = (R_4 + R_{P2}) \approx 10 \text{ k}\Omega$$

4. 画出整机电路

由集成运放及分立元件组成的方波—三角波—正弦波函数发生器的整机电路如图 4-26 所示，该电路由集成运算放大器 μA741 及三极管差分放大电路构成，图中比较器 A_1 与积分器 A_2 组成正反馈闭环电路，分别在 u_{o1}、u_{o2} 输出方波和三角波。隔直电容 C_3、C_4、C_5 的容量要取得较大，因为输出的频率很低，一般取值为 470 μF。滤波电容 C_6 视输出的波形而定，若含高次谐波成分较多，C_6 可取得较小，一般为几十皮法至几百皮法。C_1 为加速电容(积分电容)，可加速比较器的翻转。R_{E2} 与 R_{P4} 相并联，以减小差分放大器的线性区；差分放大器的静态工作点可通过观察传输特性曲线，用 R_{P1} 及电阻 R 确定。三角波—正弦波的变换由恒流源式差分放大器构成。

四、电路的焊接、制作与调试

按照图 4-26 所示的整机电路组装焊接电路完成后，检查无误后通电，并用示波器逐级观察有无方波、三角波、正弦波输出，有则进行以下调试。

(1) 频率的调节

定时电容 C 不变，改变 R_{P2} 中心抽头的滑动位置，输出波形的频率也随之发生改变，然后分别接入各挡定时电容，测量输出频率变化范围是否满足要求，若不满足，改变有关元件参数(R_1、R_2 和 R_{P2})。

(2) 正弦波失真度的调节

因为正弦波是由三角波变换而来的，故首先应调 R_{P4}，使输出的锯齿波为三角波(上升、下降时间对称相等)，然后调节 R_{P3}、R_{P4} 观察正弦波输出的顶部和底部失真程度，使之波形的正、负峰值(绝对值)相等且平滑接近正弦波。

4.3.7 音响放大器设计

一、设计目的

① 了解集成功率放大器内部电路工作原理。

126 模拟电子技术实验与课程设计

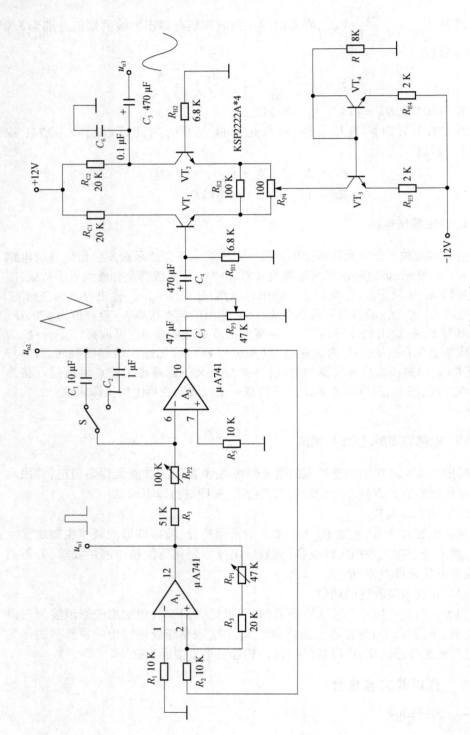

图 4-26 函数发生器整机电路

② 掌握其外围电路的设计与主要性能参数的测试方法。
③ 掌握音响放大器的设计方法与电子线路系统的装调技术。

二、设计任务及要求

1. 设计任务

设计一音响放大器，要求具有音调输出控制、卡拉 OK 伴唱，对话筒与录音机的输出信号进行扩音。其中，$+V_{CC} = +9$ V，话筒（低阻 20 Ω）的输出电压为 5 mV，录音机的输出信号电压为 100 mV。

2. 设计要求

① 额定功率：$P_o \leqslant 1$ W。
② 负载阻抗：$R_L = 8$ Ω。
③ 截止频率：$f_L = 40$ Hz，$f_H = 10$ kHz。
④ 音调控制特性 1 kHz 处增益为 0 dB，100 Hz 和 10 kHz 处为 ±12 dB 的调节范围，$A_{uL} = A_{uH} \geqslant 20$ dB。
⑤ 话放级输入灵敏度：5 mV。
⑥ 输入阻抗 $R_i \geqslant 20$ kΩ。

三、设计过程

1. 音响放大器的基本组成

音响放大器的基本组成框如图 4-27 所示，各部分电路作用如下。

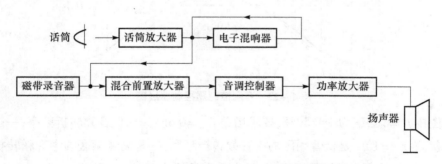

图 4-27 音响放大器的基本组成框图

（1）话音放大器

由于话筒的输出信号一般只有 5 mV 左右，而输出阻抗达到 20 kΩ（也有低输出阻抗的话筒，如 20 Ω、200 Ω 等），所以话筒放大器的作用是不失真地放大声音信号（最高频率达到 10 kHz）。其输入阻抗应远大于话筒的输出阻抗。

(2) 电子混响器

电子混响器的作用是用电路模拟声音,产生混响效果,使声音听起来具有一定的深度感和空间立体感。在卡拉 OK 伴唱机中,都带有电子混响器。

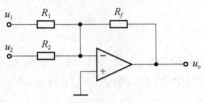

图 4-28 混合前置放大器

(3) 混合前置放大器

混合前置放大器的作用是将磁带放音机输出的音乐信号与电子混响后的声音信号进行混合放大。其电路如图 4-28 所示,这是一个反相加法器电路,输出与输入电压之间的关系为:

$$u_o = -\left(\frac{R_f}{R_1}u_1 + \frac{R_f}{R_2}u_2\right)$$

式中,u_1 为话筒放大器输出电压;u_2 为录音机输出电压。

音响放大器的性能主要由音调控制器和功率放大器决定,下面详细介绍这两级电路的工作原理及设计方法。

(4) 音调控制器

音调控制器的作用是控制、调节音响放大器输出频率的高低,控制曲线如图 4-29 中折线所示。

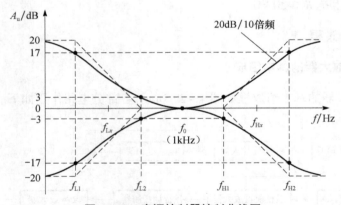

图 4-29 音调控制器控制曲线图

图中 $f_0 = 1$ kHz 为中音频率,要求增益 $A_{uo} = 0$ dB;f_{L1} 为低音频转折频率,一般为几十赫兹;$f_{L2} = 10 f_{L1}$ 是低音频区的中音频转折频率;f_{H1} 是高音频区的中音频转折频率;$f_{H2} = 10 f_{H1}$ 是高音频转折频率,一般为几十千赫兹。

由图可见,音调控制器只对低音频或高音频的增益进行提升或衰减,中音频增益保持不变。所以音调控制器的电路由低通滤波器和高通滤波器共同组成。常见电路有专用的集成电路,如五段音调均衡器 LA3600,外接发光二极管频段显示器后,可以看见各频段的增益提升与衰减变化。在高中档录音机、汽车音响等设备中广泛采用集成电路音调控制器。也有用运算放大器构成音调控制器,如图 4-30

所示。这种电路调节方便,元器件较少,在一般收录机、音响放大器中应用较多。

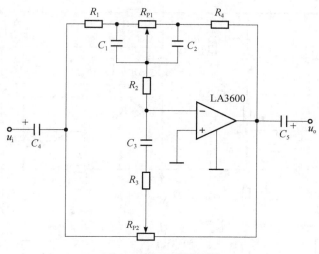

图 4-30 音调控制器

（5）功率放大器

功率放大器的作用是给音响放大器的负载 R_L（扬声器）提供一定的输出功率。当负载一定时,希望输出功率尽可能大,输出信号的非线性失真尽可能小,效率尽可能高。功率放大器的常见电路形式有单电源供电的 OTL 和正负双电源供电的 OCL 电路。有集成运放和晶体管组成的功率放大器,也有专用的集成电路功率放大器芯片,这里只介绍后者。

目前在音响设备中广泛采用集成功率放大器,因其具有性能稳定、工作可靠及安装调试简单等优点。下面介绍 LA4100~LA4102 系列内部电路及外围电路。它的内部电路如图 4-31 所示,引脚功能图如图 4-32 所示。它由输入级、中间级和输出级 3 部分组成。其中 VT_1、VT_2 为差动输入级。VT_3、R_4、R_5 及 VT_5 组成分压网络,一方面为 VT_1 提供静态偏置电压,另一方面 VT_5、VT_6 组成的镜像恒流源提供参考电流。VT_4、VT_7 组成两级电压放大器,具有较高的电压增益。VT_8、VT_{14} 组成的 PNP 型复合管与 VT_{12}、VT_{13} 组成的 NPN 型复合管共同构成互补推挽式电路。R_9、VT_9~VT_{11} 为电平移动电路,给末级功放提供合适的静态偏置。R_{11} 接于输出端和 VT_2 的基极之间,构成很深的直流负反馈,可以稳定静态工作点,提高共模抑制比。此集成功率放大器采用单电源供电方式接成 OTL 电路形式,也可以采用正负双电源供电方式(3 脚接负电源)接成 OCL 电路形式。

LA4100~LA4102 集成功放接成 OTL 形式的电路如图 4-33 所示,外围元件的作用如下:R_F、C_F 与内部电阻 R_{11} 组成交流负反馈电路,控制电路的闭环电压增益,即

$$A_{uf} \approx R_{11}/R_F$$

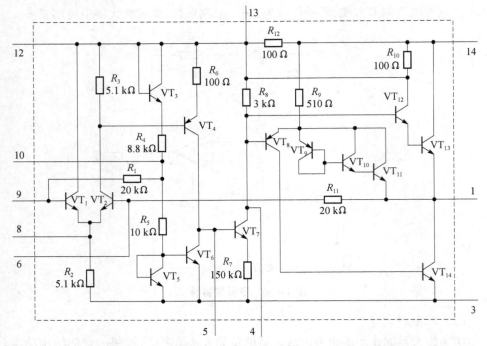

图 4-31　集成功放 LA4100~LA4102 系列内部电路

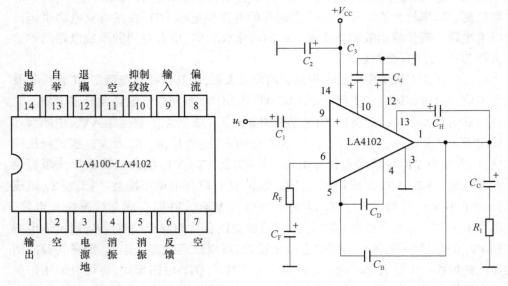

图 4-32　LA4100~LA4102 集成功　　图 4-33　LA4100~LA4102 集成功
　　　　　放引脚功能　　　　　　　　　　　放接成 OTL 电路

图 4-33 中,C_B 为相位补偿。C_B 减小,频带增加,可消除高频自激。C_B 一般取几十至几百皮法。C_C 为 OTL 电路的输出端电容,两端的充电电压等于 $\dfrac{V_{CC}}{2}$,C_C

一般取耐压值大于 $\frac{V_{CC}}{2}$ 的几百微法电容。C_D 为反馈电容,消除自激振荡,C_D 一般取几百皮法。C_H 是自举电容,使复合管 VT_{12}、VT_{13} 的导通电流不随输出电压的升高而减小。C_3、C_4 是滤除纹波,一般取几十至几百微法。C_2 是电源退耦滤波,可消除低频自激。

2. 单元电路设计及元器件的选择

(1) 确定整机电路的级数

根据各级的功能及技术指标要求分配电压增益分别计算各级电路参数,通常从功放级开始向前级逐级计算。

根据技术指标要求,音响放大器的输入为 5 mV 时,输出功率大于 1 W,则输出电压 $U_o \geq 2.8$ V。总电压增益 $\sum A_u = U_o/U_i > 560(55\text{ dB})$,由于实际电路中会有损耗,故取 $A_u = 600$。具体各级增益分配如图 4 – 34 所示。功放级增益 A_{u4} 由集成功率放大器决定,取值 $A_{u4} = 100(40\text{ dB})$,音调控制级在 $f_0 = 1$ kHz 时,增益应为 $1(0\text{ dB})$,但实际电路有可能产生衰减,取 $A_{u3} = 0.8(-2\text{ dB})$。话放级与混合级一般采用运算放大器,但会受到增益带宽积的限制,各级增益不宜太大,取 $A_{u1} = 7.5$,$A_{u2} = 1$,上述分配方案也可以在调试当中适当变动。

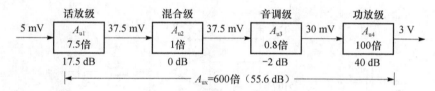

图 4 – 34 整机电路级数设计图

(2) 功率放大器设计

功率放大电路如图 4 – 35 所示,功放级的电压增益:

$$A_{u4} \approx 20\text{ k}\Omega/R_F = 100$$

则

$$R_F = \frac{20\text{ k}\Omega}{A_{u4}} = \frac{20\text{ k}\Omega}{100} = 200\text{ }\Omega$$

如果出现高频自激(输出波形上叠加有毛刺),可以在 13 脚与 14 脚之间加 0.15 μF 的电容或者减小 C_D 的值。

(3) 音调控制器(含音量控制)设计

音调控制器如图 4 – 36 所示,通常先提出对低频区 f_{Lx} 处和高频区 f_{Hx} 处的提升量或衰减量 $x(\text{dB})$,再根据下两式求转折频率 f_{L2}(或 f_{L1})和 f_{H1}(或 f_{H2}),即

$$f_{L2} = f_{Lx} \cdot 2^{x/6}$$

$$f_{H1} = f_{Hx}/2^{x/6}$$

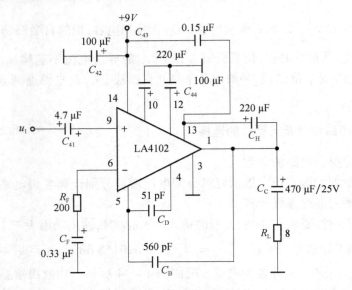

图 4−35 功率放大器电路

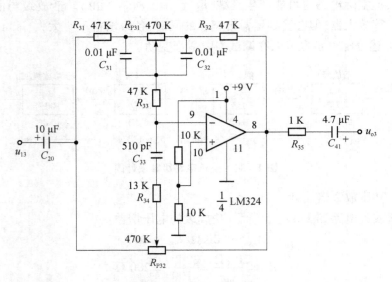

图 4−36 音调控制器

已知 $f_{Lx} = 100 \text{ Hz}, f_{Hx} = 10 \text{ kHz}, x = 12 \text{ dB}$。

由上两式得到转折频率 f_{L2} 和 f_{H1}。

$$f_{L2} = f_{Lx} \times 2x/6 = 400 \times 2 \times 12/6 = 400 \text{ Hz}$$

则 $f_{L1} = f_{L2}/10 = 40 \text{ Hz}; f_{H1} = f_{Hx}/2x/6 = 10 \text{ kHz}/(2 \times 12)/6 = 2.5 \text{ kHz}$,

$f_{H2} = 10 f_{H1} = 25 \text{ kHz}$。

而 $A_{uL} = (R_{P21} + R_{32})/R_{31} \geq 20 \text{ dB}$。其中, R_{31}、R_{32}、R_{P21} 不能取得太大, 否则运放

漂移电流的影响不可忽略,但也不能太小,否则流过它们的电流将超出运放的输出能力。一般取几千欧姆至几百千欧姆。现取 $R_{P21} = 470\ \text{k}\Omega$, $R_{31} = R_{32} = 47\ \text{k}\Omega$,则

$$A_{uL} = (R_{P31} + R_{32})/R_{31} = (470\ \text{k}\Omega + 47\ \text{k}\Omega)/47\ \text{k}\Omega = 11(20.8\ \text{dB})$$

$$A_{VL} = (R_{P31} + R_{32})/R_{31} = 11(20.8\ \text{dB})$$

$$C_{32} = \frac{1}{2\pi R_{P31} f_{L1}} = 0.008\ \mu\text{F}$$

取标称值 $0.01\ \mu\text{F}$,即 $C_{31} = C_{32} = 0.01\ \mu\text{F}$。

可得

$$R_{33} = R_{31} = R_{32} = 47\ \text{k}\Omega,\quad R_a = 3R_{34} = 141\ \text{k}\Omega$$

则 $R_{34} = R_a/10 = 14.1\ \text{k}\Omega$,取标称值 $13\ \text{k}\Omega$。

同理可得

$$C_{33} = \frac{1}{2\pi R_{33} f_{H2}} = 490\ \text{pF},\text{取标称值}\ 510\ \text{pF}。$$

取 $R_{P31} = R_{P32} = 470\ \text{k}\Omega$, $R_{35} = 1\ \text{k}\Omega$,级间耦合与隔直电容 $C_{20} = 10\ \mu\text{F}$、$C_{41} = 4.7\ \mu\text{F}$。

(4)话音放大器与混合前置放大器设计

图 4-37 所示电路由话音放大与混合前置放大两级电路组成。其中 A1 组成同相放大器,具有很高的输入阻抗,能与高阻话筒配接作为话音放大器电路,其放大倍数为

$$A_{u1} = R_{12}/R_{11} = 7.5(17.5\ \text{dB})$$

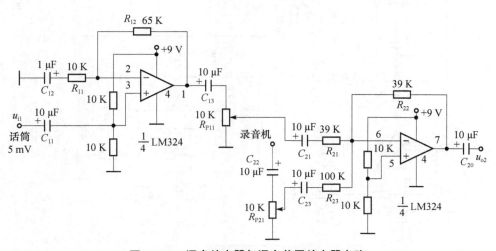

图 4-37 语音放大器与混合前置放大器电路

3. 画出整机电路

根据前面的设计画出音响放大器整机电路,如图 4-38 所示。

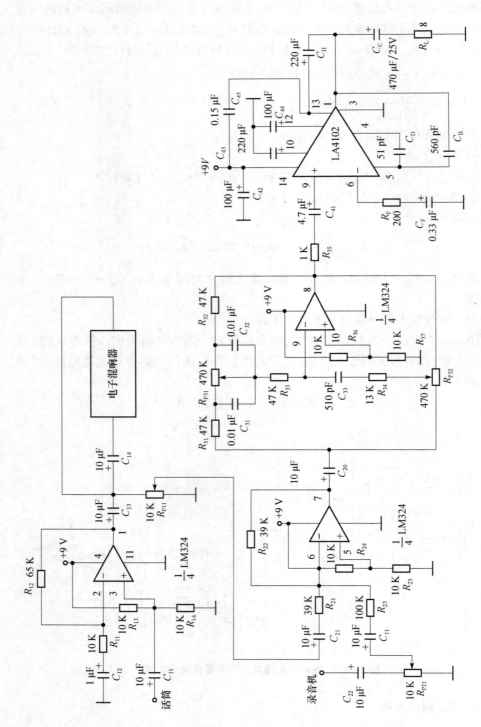

图4-38 音响放大器整机电路

四、电路的焊接、制作与调试

安装前应检查元器件的质量,安装时特别要注意功放块、运算放大器、电解电容等主要器件的引脚和极性,不能接错。从输入级开始向后级安装,也可以从功放级开始向前逐级安装。安装一级调试一级,安装两级要进行级联调试,直到整机安装与调试完成。

具体调试方法如下。

1. 分级调试

分级调试又分为静态调试与动态调试。

静态调试是指将输入端对地短路,用万用表测该级输出端对地的直流电压。话放级、混合级、音调级都是由运算放大器组成的,其静态输出直流电压均为 $V_{CC}/2$,功放级的输出(OTL 电路)也为 $V_{CC}/2$,且输出电容 C_C 两端充电电压也应为 $V_{CC}/2$。

动态调试是指输入端接入规定的信号,用示波器观测该级输出波形,并测量各项性能指标是否满足题目要求,如果相差很大,应检查电路是否接错,元器件数值是否合乎要求,否则是不会出现很大偏差的。

2. 整机功能试听

用 8 Ω/4 W 的扬声器代替负载电阻 R_L,可进行以下功能试听。

(1) 话音扩音

将低阻话筒接话音放大器的输入端。应注意,扬声器输出的方向与话筒输入的方向相反,否则扬声器的输出声音经话筒输入后,会产生自激啸叫。讲话时,扬声器传出的声音应清晰,改变音量电位器,可控制声音大小。

(2) 卡拉 OK 伴唱

录音机输出卡拉 OK 磁带歌曲,手握话筒伴随歌曲歌唱,适当控制话音放大器与录音机输出的音量电位器,可以控制歌唱音量与音乐音量之间的比例,调节混响延时时间可修饰、改善唱歌的声音。

(3) 音乐欣赏

将录音机输出的音乐信号,接入混合前置放大器,改变音调控制级的高低音调控制电位器,扬声器的输出音调发生明显变化。

(4) 电子混响效果

将电子混响器模块按图 4-37 接入。用手轻拍话筒一次,扬声器发出多次重复的声音,微调时钟频率,可以改变混响延时时间,以改善混响效果。

附　录

附录一　部分电器符号

一、电阻器、电容器、电感器和变压器

图形符号	名称与说明	图形符号	名称与说明
	电阻器一般符号		电感器、线圈、绕组或扼流图。注：符号中半圆数不得少于3个
	可变电阻器或可调电阻器		带磁芯、铁芯的电感器
	滑动触点电位器		带磁芯连续可调的电感器
	极性电容		双绕组变压器 注：可增加绕组数目
	可变电容器或可调电容器		绕组间有屏蔽的双绕组变压器 注：可增加绕组数目
	双联同调可变电容器 注：可增加同调联数		在一个绕组上有抽头的变压器
	微调电容器		

二、半导体管

图形符号	名称与说明	图形符号	名称与说明
	二极管的符号	(1) (2)	JFET 结型场效应管 (1) N 沟道 (2) P 沟道
	发光二极管		PNP 型晶体三极管
	光电二极管		NPN 型晶体三极管
	稳压二极管		全波桥式整流器
	变容二极管		

三、其他电气图形符号

图形符号	名称与说明	图形符号	名称与说明
	具有两个电极的压电晶体 注：电极数目可增加	或	接机壳或底板
	熔断器		导线的连接
	指示灯及信号灯		导线的不连接
	扬声器		动合（常开）触点开关
	蜂鸣器		动断（常闭）触点开关
	接大地		手动开关

附录二 常用元器件的主要参数

一、常用半导体二极管的主要参数

类型	参数型号	最大整流电流/mA	正向电流/mA	正向压降/mA	反向击穿电压/V	最高反向工作电压/V	反向电流/μA	零偏压电容/pF	反向恢复时间/ns
普通检波二极管	2AP9	≤16	≥2.5	≤1	≥40	20	≤250	≤1	f_H(MHz)150
	2AP7		≥5		≥150	100			
	2AP11	≤25	≥10	≤1		≤10	≤250		f_H(MHz)40
	2AP17	≤15	≥10			≤100			
锗开关二极管	2AK1		≥150	≤1	30	10		≤3	≤200
	2AK2				40	20			
	2AK5		≥200	≤0.9	60	40		≤2	≤150
	2AK10		≥10		70	50			
	2AK13		≥250	≤0.7	60	40		≤2	≤150
	2AK14				70	50			
硅开关二极管	2CK70A~E		≥10	≤0.8	A≥30 B≥45 C≥60 D≥75 E≥90	A≥20 B≥30 C≥40 D≥50 E≥60	≤1.5	≤3	
	2CK71A~E		≥20					≤4	
	2CK72A~E		≥30						
	2CK73A~E		≥50				≤1	≤5	
	2CK74A~D		≥100	≤1					
	2CK75A~D		≥150						
	2CK76A~D		≥200						
整流二极管	2CZ52B…H	2	0.1	≤1		25…600		同2AP普通二极管	
	2CZ53B…M	6	0.3	≤1		50…1000			
	2CZ54B…M	10	0.5	≤1		50…1000			
	2CZ55B…M	20	1	≤1		50…1000			
	2CZ56B…B	65	3	≤0.8		25…1000			
	1N4001…4007	30	1	1.1		50…1000	5		
	1N5391…5399	50	1.5	1.4		50…1000	10		
	1N5400…5408	200	3	1.2		50…1000	10		

二、常用半导体三极管的主要参数

1. 3AX51(3AX31)型 PNP 型锗低频小功率三极管

3AX51(3AX31)型半导体三极管的参数

	原型号	3AX31				测试条件
	新型号	3AX51A	3AX51B	3AX51C	3AX51D	
极限参数	P_{cm}/mW	100	100	100	100	$T_a = 25$ ℃
	I_{cm}/mA	100	100	100	100	
	T_{jm}/℃	75	75	75	75	
	U_{CBO}/V	≥30	≥30	≥30	≥30	$I_C = 1$ mA
	U_{CEO}/V	≥12	≥12	≥18	≥24	$I_C = 1$ mA
直流参数	I_{CBO}/μA	≤12	≤12	≤12	≤12	$U_{BC} = 10$ V
	I_{CEO}/μA	≤500	≤500	≤300	≤300	$U_{CE} = -6$ V
	I_{EBO}/μA	≤12	≤12	≤12	≤12	$U_{BE} = 6$ V
	h_{fe}	40~150	40~150	30~100	25~70	$U_{CE} = -1$ V $I_C = 50$ mA
交流参数	f_α/kHz	≥500	≥500	≥500	≥500	$U_{BC} = 6$ V $I_E = 1$ mA
	N_F/dB	—	≤8	—	—	$U_{BC} = 2$ V $I_E = 0.5$ mA $f = 1$ kHz
	h_{ie}/kΩ	0.6~4.5	0.6~4.5	0.6~4.5	0.6~4.5	$U_{BC} = 6$ V $I_E = 1$ mA $f = 1$ kHz
	h_{re}(×10)	≤2.2	≤2.2	≤2.2	≤2.2	
	h_{oe}/μs	≤80	≤80	≤80	≤80	

2. 3AX81 型 PNP 型锗低频小功率三极管

3AX81 型 PNP 型锗低频小功率三极管的参数

	型 号	3AX81A	3AX81B	测试条件
极限参数	P_{cm}/mW	200	200	
	I_{cm}/mA	200	200	
	T_{jm}/℃	75	75	
	U_{CBO}/V	-20	-30	$I_C = 4$ mA
	U_{CEO}/V	-10	-15	$I_C = 4$ mA
	U_{EBO}/V	-7	-10	$I_E = 4$ mA
直流参数	I_{CBO}/μA	≤30	≤15	$U_{BC} = 6$ V
	I_{CEO}/μA	≤1 000	≤700	$U_{CE} = -6$ V
	I_{EBO}/μA	≤30	≤15	$U_{BE} = 6$ V
	U_{BES}/V	≤0.6	≤0.6	$U_{CE} = -6$ V $I_C = 175$ mA
	U_{CES}/V	≤0.65	≤0.65	$U_{CE} = U_{BE}$ $U_{BC} = 0$ $I_C = 200$ mA
	h_{fe}	40~270	40~270	$U_{CE} = -1$ V $I_C = 175$ mA
交流参数	f_β/kHz	≥6	≥8	$U_{BC} = 6$ V $I_E = 10$ mA

3. 3BX31 型 NPN 型锗低频小功率三极管

3BX31 型 NPN 型锗低频小功率三极管的参数

型号		3BX31M	3BX31A	3BX31B	3BX31C	测试条件	
极限参数	P_{cm}/mW	125	125	125	125	$T_a = 25℃$	
	I_{cm}/mA	125	125	125	125		
	T_{jm}/℃	75	75	75	75		
	U_{CBO}/V	−15	−20	−30	−40	$I_C = 1$ mA	
	U_{CEO}/V	−6	−12	−18	−24	$I_C = 2$ mA	
	U_{EBO}/V	−6	−10	−10	−10	$I_E = 1$ mA	
直流参数	I_{CBO}/μA	≤25	≤20	≤12	≤6	$U_{BC} = −6$ V	
	I_{CEO}/μA	≤1 000	≤800	≤600	≤400	$U_{CE} = 6$ V	
	I_{EBO}/μA	≤25	≤20	≤12	≤6	$U_{BE} = −6$ V	
	U_{BES}/V	≤0.6	≤0.6	≤0.6	≤0.6	$U_{CE} = 6$ V	$I_C = 100$ mA
	U_{CES}/V	≤0.65	≤0.65	≤0.65	≤0.65	$U_{CE} = U_{BE}$ $U_{BC} = 0$	$I_C = 125$ mA
	h_{fe}	80~400	40~180	40~180	40~180	$U_{CE} = 1$ V	$I_C = 100$ mA
交流参数	$f_β$/kHz	—	—	≥8	$f_α$≥465	$U_{BC} = 6$ V	$I_E = 10$ mA

4. 3DG100(3DG6)型 NPN 型硅高频小功率三极管

3DG100(3DG6)型 NPN 型硅高频小功率三极管的参数

	原型号	3DG6				测试条件	
	新型号	3DG100A	3DG100B	3DG100C	3DG100D		
极限参数	P_{cm}/mW	100	100	100	100		
	I_{cm}/mA	20	20	20	20		
	U_{CBO}/V	≥30	≥40	≥30	≥40	$I_C = 100$ μA	
	U_{CEO}/V	≥20	≥30	≥20	≥30	$I_C = 100$ μA	
	U_{EBO}/V	≥4	≥4	≥4	≥4	$I_E = 100$ μA	
直流参数	I_{CBO}/μA	≤0.01	≤0.01	≤0.01	≤0.01	$U_{BC} = −10$ V	
	I_{CEO}/μA	≤0.1	≤0.1	≤0.1	≤0.1	$U_{CE} = 10$ V	
	I_{EBO}/μA	≤0.01	≤0.01	≤0.01	≤0.01	$U_{BE} = 1.5$ V	
	U_{BES}/V	≤1	≤1	≤1	≤1	$I_C = 10$ mA	$I_B = 1$ mA
	U_{CES}/V	≤1	≤1	≤1	≤1	$I_C = 10$ mA	$I_B = 1$ mA
	h_{fe}	≥30	≥30	≥30	≥30	$U_{CE} = 10$ V	$I_C = 3$ mA
交流参数	f_T/MHz	≥150	≥150	≥300	≥300	$U_{BC} = −10$ $f = 100$ MHz	$I_E = 3$ mA $R_L = 5Ω$
	K_p/dB	≥7	≥7	≥7	≥7	$U_{BC} = 6$ V $f = 100$ MHz	$I_E = 3$ mA
	C_{ob}/pF	≤4	≤4	≤4	≤4	$U_{BC} = −10$ V	$I_E = 0$

5. 3DG130(3DG12)型 NPN 型硅高频小功率三极管

3DG130(3DG12)型 NPN 型硅高频小功率三极管的参数

	原型号	3DG12				测试条件
	新型号	3DG130A	3DG130B	3DG130C	3DG130D	
极限参数	P_{cm}/mW	700	700	700	700	
	I_{cm}/mA	300	300	300	300	
	U_{CBO}/V	≥40	≥60	≥40	≥60	$I_C = 100$ μA
	U_{CEO}/V	≥30	≥45	≥30	≥45	$I_C = 100$ μA
	U_{EBO}/V	≥4	≥4	≥4	≥4	$I_E = 100$ μA
直流参数	I_{CBO}/μA	≤0.5	≤0.5	≤0.5	≤0.5	$U_{BC} = -10$ V
	I_{CEO}/μA	≤1	≤1	≤1	≤1	$U_{CE} = 10$ V
	I_{EBO}/μA	≤0.5	≤0.5	≤0.5	≤0.5	$U_{BE} = -1.5$ V
	U_{BES}/V	≤1	≤1	≤1	≤1	$I_C = 100$ mA $I_B = 10$ mA
	U_{CES}/V	≤0.6	≤0.6	≤0.6	≤0.6	$I_C = 100$ mA $I_B = 10$ mA
	h_{fe}	≥30	≥30	≥30	≥30	$U_{CE} = 10$ V $I_C = 100$ mA
交流参数	f_T/MHz	≥150	≥150	≥300	≥300	$U_{BC} = -10$ V $IU_{BC} = -10$ V $f = 100$ MHz $R_L = 5$ Ω
	K_p/dB	≥6	≥6	≥6	≥6	$U_{BC} = 10$ V $I_E = 50$ mA $f = 100$ MHz
	C_{ob}/pF	≤10	≤10	≤10	≤10	$U_{BC} = -10$ V $I_E = 0$

6. 9011~9018 塑封硅三极管

9011~9018 塑封硅三极管的参数

	型号	(3DG)9011	(3CX)9012	(3DX)9013	(3DG)9014	(3CG)9015	(3DG)9016	(3DG)9018
极限参数	P_{cm}/mW	200	300	300	300	300	200	200
	I_{cm}/mA	20	300	300	100	100	25	20
	U_{CBO}/V	20	20	20	25	25	25	30
	U_{CEO}/V	18	18	18	20	20	20	20
	U_{EBO}/V	5	5	5	4	4	4	4
直流参数	I_{CBO}/μA	0.01	0.5	0.5	0.05	0.05	0.05	0.05
	I_{CEO}/μA	0.1	1	1	0.5	0.5	0.5	0.5
	I_{EBO}/μA	0.01	0.5	0.5	0.05	0.05	0.05	0.05
	U_{CES}/V	0.5	0.5	0.5	0.5	0.5	0.5	0.35
	U_{BES}/V		1	1	1	1	1	1
	h_{fe}	30	30	30	30	30	30	30
交流参数	f_T/MHz	100			80	80	500	600
	C_{ob}/pF	3.5		2.5	4		1.6	4
	K_p/dB							10

三、部分模拟集成电路主要参数

1. μA741 运算放大器的主要参数

μA741 的性能参数

电源电压 $+V_{CC}$ $-V_{EE}$	+3 ~ +18 V,典型值 +15 V −3 ~ −18 V,典型值 −15 V	工作频率	10 kHz
输入失调电压 U_{io}	2 mV	单位增益带宽积 $A_u \cdot BW$	1 MHz
输入失调电流 I_{io}	20 nA	转换速率 S_R	0.5 V/μS
开环电压增益 A_{uo}	106 dB	共模抑制比 $CMRR$	90 dB
输入电阻 R_i	2 MΩ	功率消耗	50 mW
输出电阻 R_o	75 Ω	输入电压范围	± 13 V

2. LA4102 音频功率放大器的主要参数

LA4102 主要技术指标参数

参数名称	符号及单位	数 值	测试条件
电源电压	V_{CC}/V	6 ~ 13	—
静态电流	I_{CCO}/mA	15	V_{CC} = 9 V
输出功率	P_o/W	2.1	V_{CC} = 9 V R_L = 4 Ω THD = 10% f = 1 kHz
输入阻抗	R_i/kΩ	20	f = 1 kHz

四、CW7805、CW7812、CW7912、CW317 集成稳压器的主要参数

CW78××,CW79××,CW317 参数 V

参数名称/单位	CW7805	CW7812	CW7912	CW317
输入电压	+10	+19	−19	≤40
输出电压范围	+4.75 ~ +5.25	+11.4 ~ +12.6	−11.4 ~ −12.6	+1.2 ~ +37
最小输入电压	+7	+14	−14	+3 ≤ $V_i − V_o$ ≤ +40

五、音频集成功率放大电路 TDA2030

TDA2030 主要技术指标参数表

参 数	符号及单位	数 值	测试条件
电源电压	V_{CC}/V	±6 ~ ±18 V	—
静态电流	I_{CC}/mA	I_{CCO} < 40 mA	—

续表

参 数	符号及单位	数 值	测试条件
输出峰值电流		$I_{OM} = 3.5$ A	
输出功率	P_o/W	$P_o = 14$ W	$V_{CC} = 14$ V $R_L = 4\ \Omega$ $THD < 0.5\%$ $f = 1$ kHz
输入阻抗	R_i/kΩ	140 kΩ	$A_u = 30$ dB $R_L = 4\ \Omega$ $P_o = 14$ W
−3 dB 功率带宽		10 Hz ~ 140 kHz	$P_o = 14$ W, $R_L = 4\ \Omega$
谐波失真 THD		<0.5%	$P_o = 0.1 \sim 14$ W, $R_L = 4\ \Omega$

附录三 焊接工艺

在电子制作及课程设计中,元器件的连接处需要焊接。焊接的质量对制作的质量影响极大。所以,学习电子制作技术,必须掌握焊接技术,练好焊接基本功。

一、焊接工具

1. 电烙铁

电烙铁是最常用的焊接工具。此时使用 20 W 内热式电烙铁,如图 1(a)所示。

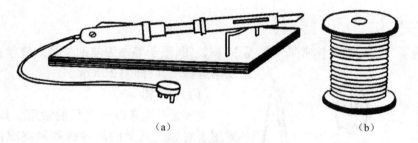

图 1 电烙铁与焊锡丝
(a) 20 W 内式电烙铁;(b) 焊锡丝

新烙铁使用前,应用细砂纸将烙铁头打光亮,通电烧热,蘸上松香后用烙铁头刃面接触焊锡丝,使烙铁头上均匀地镀上一层锡。这样做,可以便于焊接和防止烙铁头表面氧化。旧的烙铁头如严重氧化而发黑,可用钢挫挫去表层氧化物,使其露出金属光泽后,重新镀锡,才能使用。

电烙铁要用 220 V 交流电源,使用时要特别注意安全。应认真做到以下几点。
① 电烙铁插头最好使用三极插头。要使外壳妥善接地。

② 使用前,应认真检查电源插头、电源线有无损坏,并检查烙铁头是否松动。

③ 电烙铁使用中,不能用力敲击。要防止跌落。烙铁头上焊锡过多时,可用布擦掉。不可乱甩,以防烫伤他人。

④ 焊接过程中,烙铁不能到处乱放。不焊时,应放在烙铁架上。注意电源线不可搭在烙铁头上,以防烫坏绝缘层而发生事故。

⑤ 使用结束后,应及时切断电源,拔下电源插头。冷却后,再将电烙铁收回工具箱。

2. 焊锡和助焊剂

焊接时,还需要焊锡和助焊剂。

① 焊锡:焊接电子元件,一般采用有松香芯的焊锡丝。这种焊锡丝,熔点较低,而且内含松香助焊剂,使用极为方便,如图1(b)所示。

② 助焊剂:常用的助焊剂是松香或松香水(将松香溶于酒精中)。使用助焊剂,可以帮助清除金属表面的氧化物,利于焊接,又可保护烙铁头。焊接较大元件或导线时,也可采用焊锡膏。但它有一定腐蚀性,焊接后应及时清除残留物。

助焊剂的作用:除去金属表面的氧化膜;防止金属及焊点表面被氧化;减少液态焊锡表面的张力,增加焊锡的流动性;易于传递热量;增加焊点的光滑度。

助焊剂的分类:常用的助焊剂大致可以分为有机焊剂、无机焊剂和树脂焊剂等,其中以松香为主要成分的树脂焊剂在电子产品生产中占有重要地位,成为专用型的助焊剂。

3. 辅助工具

为了方便焊接操作常采用尖嘴钳、剥线钳、镊子等做为辅助工具。应学会正确使用这些工具,如图2所示。

（1）尖嘴钳

尖嘴钳是组装电子产品的常用工具,它主要用于对焊接点上网绕导线和网绕原件进行引线,还可以用于元件的引线成形。

（2）剥线钳

剥线钳适用于剥掉塑料胶线、腊克线等线材的端头表面绝缘层,具有使用效率高、剥线尺寸准确、不易损伤芯线等优点,主要用途是剥离导线端头的绝缘外层。

（3）镊子

镊子主要功能是夹置导线和元器件防止

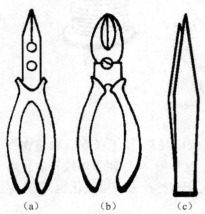

图2 常用辅助工具

(a) 尖嘴钳;(b) 剥线钳;(c) 镊子

其焊接中移动。

二、焊前处理

焊接前,应对元件引脚或电路板的焊接部位进行焊前处理,如图3所示。

图3　焊前处理

1. 清除焊接部位的氧化层

可用断锯条制成小刀。刮去金属引线表面的氧化层,使引脚露出金属光泽。印刷电路板可用细纱纸将铜箔打光后,涂上一层松香酒精溶液。

2. 元件镀锡

在刮净的引线上镀锡。可将引线蘸一下松香酒精溶液后,将带锡的热烙铁头压在引线上,并转动引线,即可使引线均匀地镀上一层很薄的锡层。导线焊接前,应将绝缘外皮剥去,再经过上面两项处理,才能正式焊接。若是多股金属丝的导线,打光后应先拧在一起,然后再镀锡。

三、焊接技术

做好焊前处理之后,就可正式进行焊接。

1. 焊接方法(图4)

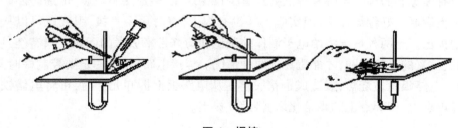

图4　焊接

① 右手持电烙铁。左手用尖嘴钳或镊子夹持元件或导线。焊接前,烙铁要充分预热。烙铁头刃面上要吃锡,即带上一定量焊锡。

② 将烙铁头刃面紧贴在焊点处。电烙铁与水平面大约成60°角。以便于熔化

的锡从烙铁头上流到焊点上。烙铁头在焊点处停留的时间控制在 2~3 s。

③ 抬开烙铁头。左手仍持元件不动。待焊点处的锡冷却凝固后,才可松开左手。

④ 用镊子转动引线,确认不松动,然后可用偏口钳剪去多余的引线。

2. 焊接基本步骤

① 准备:把被焊件、焊锡丝和加热好的电烙铁准备好。

② 预热:把电烙铁头放在待焊处进行加热。

③ 送焊锡丝:被焊件加热到一定温度后,从电烙铁头的对面送上焊锡丝使之溶化适量的焊料在被焊件上。

④ 移开焊锡丝:当焊锡丝融化一定量后,移开焊锡丝。

⑤ 撤去电烙铁:当焊接点上的焊料接近饱满、焊机尚未完全挥发、焊点最光亮,流动性最强的时候,迅速撤去电烙铁。

注意:对于小焊件可简化为 3 步:准备—加热、加焊锡—去焊锡与电烙铁。

3. 焊接质量

焊接时,要保证每个焊点焊接牢固、接触良好。要保证焊接质量。

好的焊点如图 5(a)所示。

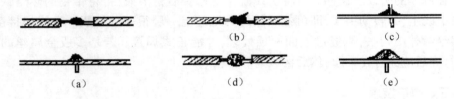

图 5　焊点

(a) 合格焊点;(b) 焊点有毛刺;(c) 锡量过少;(d) 蜂窝状虚焊;(e) 锡量过多

图 5(a)所示应是锡点光亮,圆滑而无毛刺,锡量适中。锡和被焊物融合牢固,不应虚焊和假焊。虚焊是焊点处只有少量锡焊住,造成接触不良,时通时断。假焊是指表面上好像焊住了,但实际上并没有焊上,有时用手一拔,引线就可以从焊点中拔出。这两种情况将给电子制作的调试和检修带来极大的困难。只有经过大量的、认真的焊接实践,才能避免这两种情况。焊接电路板时,一定要控制好时间。太长,电路板将被烧焦,或造成铜箔脱落。从电路板上拆卸元件时,可将电烙铁头贴在焊点上,待焊点上的锡熔化后,将元件拔出。

四、电子元器件的安装

1. 电子元器件插装的原则

① 插装的顺序:先低后高,先小后大,先轻后重。

② 元器件的标记：电子元器件的标记和色码部位应朝上，以便于辨认；横向插件的数值读法应从左到右，而竖向插件的数值读法应从上而下。

③ 元器件的间距：在印制板上的元器件之间的距离不能小于 1 mm；引线间距要大于 2 mm。一般元器件应紧密安装，使元器件贴在印制板上，紧贴的容限在 0.05 mm 左右。而以下情况的元器件不宜紧密贴装，而需浮装，轴向引线需要垂直插装的，元器件距印制板要合适，一般 3~7 mm；发热最大的元器件（大功率电阻、大功率管等）、受热后性能易变坏的器件（如集成块等）都不宜紧密贴装。

④ 大型元器件的插装方法：形状较大、重量较重的元器件，如变压器、大电解电容、磁棒等，在插装时一定要用金属固定件或塑料固定件加以固定。采用金属固定件时，应在元器件与固定件间加垫聚氯乙烯或黄蜡绸，最好用塑料套管防止损坏元器件和增加绝缘强度，金属固定件与印制板之间要用螺钉连接，并需加弹簧垫圈以防因振动使螺母松脱。采用塑料支架固定元器件时，先将塑料固定支架插装到印制板上，再从板的反面对其加热，使支架熔化而固定在印制板上，最后再装上元器件。

2. 安装电子元器件的注意事项

① 电子元器件在安装前应将引脚擦除干净，最好用细纱布擦亮，去除表面的氧化层，以便焊接时容易上锡。但引脚已有镀层的，视情况可以不擦。

② 根据元器件本身的安装方式，可以用立式或卧式安装。当工作频率不太高时，两种安装方式都可以采用；频率较高时，元器件最好采用卧式安装，并且引线尽可能短一些，以防止产生高频寄生电容影响电路。

③ 在安装较大、较重的元器件时，除可以焊接在电路板上外，最好采用支架固定，这样才能更加牢固可靠。

④ 安装各种电子元器件时，应将标注元器件型号和数值的一面朝上或朝外，以利于焊接和检修时查看元器件型号数据，使之一目了然。

⑤ 需要保留较长的元器件引线时，必须套上绝缘导管，以防元器件引脚相碰而短路。

⑥ 元器件的安装要美观。立式安装时，元器件要与电路板垂直；卧式安装时，要与电路板平行或帖服在电路板上。

五、焊接的注意事项

（1）烙铁的温度要适当

可将烙铁头放到松香上去检验，一般以松香熔化较快又不冒大烟的温度为适宜。

（2）焊接的时间要适当

焊接时间不宜过长，一般应为 3 s 之内完成，否则容易烫坏元器件，必要时可以用镊子夹住引脚帮助散热。但焊接时间也不宜过短,时间过短达不到焊接所需的温度,焊料不能充分熔化,易造成虚焊。

(3) FET 及集成电路的焊接

MOSFET 特别是绝缘栅型,由于其输入阻抗很高,稍不慎极可能使内部击穿而失效。双极性集成电路不像 MOS 集成电路那么娇气,但由于内部集成度高,通常管子隔离层都很薄,一旦受热过量,极易损坏。无论哪种电路都不能承受高于 300℃ 的高温,因此焊接时必须非常小心,且应遵循以下原则。

① 电路引线如果是镀金处理的,不要用刀刮,只需用酒精擦洗或用橡皮擦擦干净即可。

② 对 CMOS 电路如果事先已经将某几个引脚短路,焊前要拿掉短路线。

③ 焊接时最好选用温度在 230℃ 左右的恒温烙铁,也可选用 20 W 内热式电烙铁,并且接地线应保持接触良好。

(4) 焊前处理

焊接前,应对元器件引脚或电路板的焊接部位进行焊前处理。

① 清除焊接部位的氧化层:可用断锯条制成小刀。刮去金属引线表面的氧化层,使引脚露出金属光泽。印制电路板上焊接处可用细砂纸将铜箔打光后,涂上一层松香酒精溶液。

② 元器件镀锡:在刮净的引线上镀锡。可将引线蘸一下松香酒精溶液后,将带锡的热烙铁头压在引线上,并转动引线,即可将引线均匀的镀上一层很薄的锡层。导线焊接前,应将绝缘外皮剥去,在经过上面两项处理后,才能正式焊接。若是多股金属丝的导线,打光后应先拧在一起,然后再镀锡。

参 考 文 献

[1] 余红娟.电子技术基本技能[M].北京:人民邮电出版社,2009.
[2] 毕满清.电子技术实验与课程设计(2版)[M].北京:机械工业出版社,2003.
[3] 谭海曙.模拟电子技术实验教程[M].北京:北京大学出版社,2008.
[4] 蔡忠法.电子技术实验与课程设计[M].杭州:浙江大学出版社,2003.
[5] 高吉祥.电子技术基础实验与课程设计(2版)[M].北京:电子工业出版社,2005.
[6] 曹光跃.模拟电子技术及应用[M].北京:机械工业出版社,2008.
[7] 陈光明.电子技术课程设计与综合实训[M].北京:北京航空航天大学出版社,2007.
[8] 孙余凯.模拟电路基础与技能实训教程[M].北京:电子工业出版社,2005.
[9] 黄继昌.电子元器件应用手册[M].北京:人民邮电出版社,2004.
[10] 胡宴如.模拟电子技术[M].北京:北京高等教育出版社,2000.
[11] 陈立万.模拟电子技术基础实验及课程设计[M].成都:西南交通大学出版社,2008.